国家示范性高等职业教育电子信息大类"十三五"规划教材

# LED封装
# 检测与应用

主　编　张泽奎　任婷婷

副主编　郑　丹　肖　彬　李　勇
　　　　蔡　珺　余秋兰

U0333561

华中科技大学出版社
http://www.hustp.com
中国·武汉

**图书在版编目(CIP)数据**

LED 封装检测与应用 / 张泽奎,任婷婷主编. —武汉:华中科技大学出版社,2019.5(2020.8重印)
国家示范性高等职业教育电子信息大类"十三五"规划教材
ISBN 978-7-5680-4380-9

I. ①L… Ⅱ. ①张… ②任… Ⅲ. ①发光二极管-封装工艺-高等职业教育-教材 Ⅳ. ①TN383.059.4

中国版本图书馆 CIP 数据核字(2019)第 068481 号

# LED 封装检测与应用
LED Fengzhuang Jiance yu Yingyong

张泽奎　任婷婷　主编

策划编辑:袁　冲
责任编辑:徐桂芹
封面设计:孢　子
责任监印:徐　露
出版发行:华中科技大学出版社(中国·武汉)　　电话:(027)81321913
　　　　　武汉市东湖新技术开发区华工科技园　　邮编:430223
录　　排:华中科技大学惠友文印中心
印　　刷:广东虎彩云印刷有限公司
开　　本:787mm×1092mm　1/16
印　　张:9.25
字　　数:230 千字
版　　次:2020 年 8 月第 1 版第 2 次印刷
定　　价:39.00 元

# 前　言

　　本书从 LED 的封装、LED 的检测和 LED 的应用等方面介绍了 LED 的基本概念和相关技术。上篇为 LED 的封装与检测,注重基本内容的介绍和操作能力的培养,主要内容包括 LED 的基础知识、LED 的封装工艺、LED 的检测。下篇为 LED 的应用,注重应用能力的培养和拓宽学生的知识面,主要内容包括 LED 的驱动电路设计和二次光学设计、LED 的显示应用、太阳能 LED 照明系统、OLED 技术、LED 应用实训。全书依托现有的 LED 生产及测试设备来组织内容,配有大量封装及检测操作图片,内容实用,通俗易懂,注重培养学生的实际操作能力及理论联系实际的能力。

　　本书由张泽奎、任婷婷担任主编,郑丹、肖彬、李勇、蔡珺、余秋兰担任副主编,何琼担任主审。第 1 章由肖彬编写,第 2、3 章由张泽奎编写,第 4、5、9 章由任婷婷编写,第 6 章由蔡珺编写,第 7 章由李勇、余秋兰编写,第 8 章由郑丹、余秋兰编写。全书由任婷婷统稿。本书在编写过程中得到了武汉麦思威科技有限公司的大力支持,在此深表感谢。

　　本书可作为高职院校 LED 课程的教材,也可作为 LED 封装工人的培训教材,还可供从事相关工作的工程技术人员参考使用。

　　由于编者水平有限,书中难免存在遗漏和不妥之处,恳请广大读者和专家批评指正。

编　者

2019 年 1 月

目
录

# 上篇 LED 的封装与检测

# 第 1 章　LED的基础知识

LED(light emitting diode)被称为第四代照明光源,自 1962 年诞生以来,因其具有节能、环保、安全、使用寿命长、低功耗、低热、高亮度、防水、微型、防振、易调光、光束集中、维护简便等特点,广泛应用于指示、显示、装饰、背光源、普通照明等领域。

## 1.1　LED 简介

### 1.1.1　LED 的发光原理

LED 是发光二极管的简称,是一种能将电能转化为光能的自发辐射半导体器件,可以发射紫外光、可见光及红外光。发光二极管与普通二极管一样,是一个含有 PN 结的半导体器件,具有单向导电性。当给发光二极管加上正向电压后,从 P 区注入 N 区的空穴和从 N 区注入 P 区的电子在 PN 结附近数微米区域内分别与 N 区的电子和 P 区的空穴复合,产生自发辐射的荧光,如图 1-1 所示。

图 1-1　LED 的发光原理

不同的半导体材料中电子和空穴所处的能量状态不同,当电子和空穴复合时,释放出的能量多少不同,释放出的能量越多,则发出的光的波长越短。常用的是发红光、绿光或黄光的二极管。发光二极管的反向击穿电压大于 5 V。它的正向伏安特性曲线很陡,使用时必须串联限流电阻以控制通过二极管的电流。

### 1.1.2　LED 的发光颜色

1962 年首先出现红光 LED,之后出现黄光 LED,直到 1994 年,蓝光、绿光 LED 才研制成功,1996 年成功开发出白光 LED。发光二极管无机半导体材料与发光颜色如表 1-1 所示。

表 1-1　发光二极管无机半导体材料与发光颜色

| 材　　　料 | 材料化学式 | 发　光　颜　色 |
|---|---|---|
| 铝砷化镓 | AlGaAs | 红色、红外线 |
| 铝磷化镓 | AlGaP | 绿色 |
| 磷化铝铟镓 | AlGaInP | 高亮度的橘红色、橙色、黄色 |
| 磷砷化镓 | GaAsP | 红色、橘红色、黄色 |
| 磷化镓 | GaP | 红色、黄色、绿色 |
| 氮化镓 | GaN | 绿色、翠绿色、蓝色 |
| 铟氮化镓 | InGaN | 近紫外线、蓝绿色、蓝色 |
| 碳化硅（用作衬底） | SiC | 蓝色 |
| 硅（用作衬底） | Si | 蓝色 |
| 蓝宝石（用作衬底） | $Al_2O_3$ | 蓝色 |
| 硒化锌 | ZnSe | 蓝色 |
| 钻石 | C | 紫外线 |

　　近年来,随着人们对半导体发光材料研究的不断深入、LED 制造工艺的不断进步,以及新材料（氮化物晶体和荧光粉）的开发和应用,各种颜色的超高亮度 LED 取得了突破性进展,其发光效率提高了近 1000 倍,其中最重要的是超高亮度白光 LED 的出现,使 LED 应用领域跨越至高效率照明光源市场成为可能。

　　因为白光 LED 的发光效率超过 100 lm/W 才能进入通用照明市场,对目前的日光灯（60～100 lm/W）才有取代价值,所以对白光 LED 的封装技术提出了更高的要求。目前,主要的技术难点是如何耐高电流、提高散热性以及提高发光亮度,可以使用低接触阻抗电极、耐热 UV 树脂材料来耐高电流、提高散热性,并采用高反射率、高效率的荧光体合成法和照明设计等技术来提高发光亮度。

## 1.1.3　LED 的性能参数

### 1. 光学参数
　　LED 的光学性能主要涉及光度量、辐射度量和色度量等方面。光度量是 LED 光学参数的基础,其中最重要的参数是发光强度和总光通量,前者的物理意义是指定方向上的单位立体角内的光通量,后者是指 LED 发出来的光通量的总和。辐射度量参数主要有辐射强度和辐射通量。光度量和辐射度量的其他参数还有半值角、发光效率和光谱辐射带宽等。色度量参数主要包括相关色温、色纯度、半宽度、显色指数和波长（包括峰值波长、主波长和中心波长等）。

### 2. 电学参数
　　LED 和普通二极管一样,是一个含有 PN 结的半导体器件,具有单向导电性。LED 的电学参数主要包括门限电压、正向电流、正向电压、反向电流、反向击穿电压、开关时间和电容等。

LED 有一个门限电压，只有加在 LED 两端的电压高于门限电压时，LED 才会导通。普通硅二极管的门限电压为 0.5～0.7 V，而 LED 的门限电压通常为 1.5～3.5 V。LED 的门限电压和正常工作时的正向电压与 LED 的发光颜色有关，红光、绿光、黄光等 LED 的正向电压通常为 1.4～2.6 V，而白光 LED 的正向电压通常为 3～4.2 V。

LED 具有非线性的伏安特性曲线，通过 LED 的电流与加在它两端的电压不成正比。LED 的光通量随通过 LED 电流的增大而增加，但不成正比。当光通量增加到一定程度后，其随电流增加而增加的量很少，呈现出明显变缓的趋势。

**3．热学参数**

LED 是一种对温度比较敏感的器件，当其结温升高时，光通量将减少。LED 的热学参数主要有结温、热阻和壳体温度等。即使是同一型号甚至是同一批次生产的 LED 器件，其热学参数的离散性也较大。

**4．工作条件**

为了保证 LED 正常工作，输入直流电压必须不低于 LED 的正向电压，否则，LED 不会发光。LED 应采用直流电流或单向脉冲电流驱动，当驱动并联的 LED 或 LED 串时，要求恒流而不是恒压供电。

LED 所允许的额定电流（30 mA）随温度的升高而减小。当环境温度升至 50 ℃时，额定电流降至 20 mA，在这种情况下，为了防止 LED 被烧毁，驱动电流必须限制在 20 mA 以内。因此，为了避免 LED 的驱动电流超过最大额定值，影响其可靠性，同时为了达到预期的亮度要求，保证各个 LED 亮度和色度的一致性，应采用恒定电流驱动方式，而不是恒定电压驱动方式。当 LED 被用作闪光灯时，也可以采用正向脉冲电流来驱动 LED。

由于通过 LED 的电流与光通量之间的非线性关系，LED 应在光效比较高的电流值下工作。大功率 LED 最好增加散热器，以防器件过热损坏。总而言之，为了正确使用 LED，保证其正常工作，必须为其提供合适的工作条件。

## 1.2　LED 的基本结构

LED 的基本结构如图 1-2 所示。LED 芯片被固定在导电、导热的带两根引线的金属支架上，有反射杯（或反光碗）的引线为阴极，另外一根引线为阳极。芯片外围封以环氧树脂，一方面可以保护芯片，另一方面起聚光作用。LED 的两根引线不一样长时，其中较长的一根为阳极。如果 LED 的两根引线一样长，通常在管壳上有凸起的小舌，靠近小舌的引线为阳极。

LED 芯片是 LED 器件的核心，其结构如图 1-3 所示。LED 芯片为分层结构，芯片两端是金属电极，底部为衬底材料，中间是由 P 型层和 N 型层构成的 PN 结，发光层被夹在 P 型层和 N 型层之间，是发光的核心区域。P 型层、N 型层和发光层是利用特殊的外延生长工艺在衬底材料上制得的。在芯片工作时，P 型层和 N 型层分别提供发光所需要的空穴和电子，它们被注入发光层发生复合而产生光。图 1-3 只是一个示意图，实际上的芯片结构比其要复杂得多。LED 芯片制作技术是 21 世纪的高新技术之一。

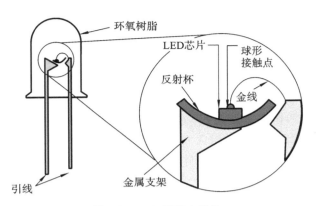

图 1-2　LED 的基本结构

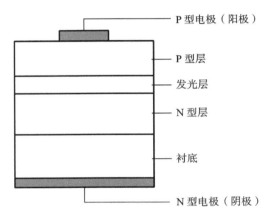

图 1-3　LED 芯片的结构

　　LED 的电路图形符号如图 1-4 所示。用于发光的二极管,在直流供电时,都是正向接到线路中,即 P 极接电源正极,N 极接电源负极。而在交流供电时,因 LED 反向击穿电压低,需要接阻值较大的限流电阻或串接一只硅二极管。

　　图 1-5 所示为 LED 低压直流供电的简单工作电路。LED 在正向偏置时,其发光亮度随正向电流 $I_F$ 的增大而增强。为限制其工作电流,电路中通常需要串联一个限流电阻(亦称为镇流电阻)$R$。普通小功率 LED 工作时的正向电压通常为 $1.5 \sim 3$ V,工作电流为 $5 \sim 20$ mA,而白光 LED 的正向电压通常为 $3.0 \sim 4.2$ V,大功率白光 LED 的工作电流达 750 mA,甚至 1 A。

图 1-4　LED 的电路图形符号

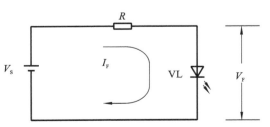

图 1-5　LED 低压直流供电的简单工作电路

## 1.3　LED 的特点

LED 相对于普通光源在照明领域有很多不可替代的优点。在显色方面,需要彩色光照明时,LED 自身就可发出彩色光,不同颜色的光可通过不同的材料得到,而传统的照明设备所发出的彩色光需要通过滤光镜来实现。与其他光源相比,LED 的使用寿命有非常明显的优势。LED 的反应速度快,比如白炽灯需要一个预热过程才能发光,LED 却不存在预热过程,只要载流子复合,就可以立刻发光。另外,因为 LED 是固体照明,和需要特殊结构来实现的照明相比,LED 有很强的防振功能。同时,从环保、抗干扰、节能等方面来说,LED 都有很大的优势。这一系列优势使 LED 广泛应用在汽车光源、显示器背光、便携式系统闪光灯、普通照明等领域。

**1. 发光效率高**

经过几十年的技术改良,LED 的发光效率有了较大的提升。白炽灯、卤钨灯的发光效率为 12～24 lm/W,荧光灯的发光效率为 50～70 lm/W,钠灯的发光效率为 90～140 lm/W,而 LED 的发光效率可以达到 50～200 lm/W,而且其光的单色性好,光谱窄,无须过滤可直接发出有色可见光。

**2. 耗电量低**

小功率 LED 单管功率为 0.03～0.06 W,采用直流驱动,单管驱动电压为 1.5～3.5 V,电流为 15～20 mA,反应速度快。在同样照明效果的前提下,LED 的耗电量是白炽灯的八分之一,是荧光灯的二分之一。据测算,如果用 LED 取代目前我国 50% 的传统照明光源,每年节省的电量相当于一个三峡电站发电量的总和,节能效益十分可观。

**3. 使用寿命长**

LED 是半导体元件,与白炽灯不同,没有玻璃、钨丝等易损可动部件,故障率极低。LED 体积小,质量轻,采用环氧树脂封装,可承受高强度的机械冲击和振动,不易破碎。LED 灯具的使用寿命可达 5～10 年,可大大降低灯具的维护费用,避免经常换灯的麻烦。

**4. 安全可靠性强**

LED 发热量低,无热辐射,可以安全触摸;能精确控制发光角度,光色柔和,无眩光;不含汞、钠等可能危害健康的物质。

**5. 环保**

LED 耐振、耐冲击,不易破碎;废弃物可回收,没有污染;光源体积小,可以随意组合,易开发成轻便的小型照明产品,也便于安装和维护。

**6. 单色性好,色彩鲜艳丰富**

LED 的颜色饱和度可以达到 130%,使灯光更加清晰、柔和。内置微处理系统,可以控制发光强度,调整发光方式,因此,LED 可以应用于大型艺术灯光中。

**7. 响应时间短**

LED 的响应时间只有 60 ns,特别适合用于汽车光源中,可为驾驶员争取宝贵的预防事故发生的时间。由于 LED 响应时间短,故可在高频下使用。

#### 8. 平面发光,方向性强

LED 与点光源白炽灯不同,其可视角度小于 $180°$,设计使用时一定要注意。

LED 的基本特性如表 1-2 所示。

表 1-2 LED 的基本特性

| 序号 | 特 性 | 说 明 |
| :---: | --- | --- |
| 1 | 构造坚固,不易破损 | 采用环氧树脂封装,经高温烘烤,硬度极高 |
| 2 | 使用寿命长 | 电子与空穴复合发光,不易发热,故使用寿命长 |
| 3 | 耗电量低 | 由电能转换成光能的效率高,故耗电量低 |
| 4 | 反应速度快,容易配合高频驱动 | 放电性发光,点亮、关灯速度快 |
| 5 | 体积小 | 可开发成轻量化产品 |
| 6 | 可回收,产品符合环保要求 | 产品不易碎,不会对环境造成影响 |
| 7 | 可选择多种不同的颜色及外观 | 可配合多种不同的色剂并按不同的比例调配颜色 |

# ■ 1.4 LED 的分类及应用

## 1.4.1 LED 的分类

### 1. 按发出的光是否可见分类

按发出的光是否可见,LED 可分为可见光 LED 和不可见光 LED 两种类型。可见光 LED 除了各种彩色 LED 外,还包括白光 LED。不可见光 LED 又可以分为短波长红外光 LED 和长波长红外光 LED 两类,其中,前者的主要应用领域是红外线无线通信 IrDA 模块和遥控器,后者则主要用于光通信模块、条形码读取头、CD 读取头等方面,如表 1-3 所示。

表 1-3 LED 的分类及用途

| LED 的分类 | | 用 途 | 产 品 |
| --- | --- | --- | --- |
| 可见光 LED | 一般 LED | 户内显示 | 家电、信息等产品指示光源 |
| | 高亮度 LED | 户外显示 | 大型广告牌、交通号志、背光源 |
| 不可见光 LED | 短波长红外光 LED | 红外线无线通信 | IrDA 模块、遥控器 |
| | 长波长红外光 LED | 中、短距离光通信 | 光通信模块 |

### 2. 按发光颜色分类

按发光颜色,LED 可分为红光 LED、黄光 LED、橙光 LED、绿光 LED、蓝光 LED、黄绿光 LED、橙红光 LED 等。由于白色是一种复合色,所以严格地讲,彩色 LED 中不应该包含白光 LED。各种颜色的 LED 根据其出光处是否掺有散射剂和是否有色,还可分为有色散射、无色散射、有色透明和无色透明四种类型。

**3. 按发光亮度分类**

按发光亮度，LED 可以分成一般亮度 LED（发光强度通常小于 10 mcd）、高亮度 LED（发光强度通常为 10～100 mcd）和超高亮度 LED（发光强度通常大于 100 mcd）三类。事实上，目前 LED 的发光强度可以轻而易举地达到 1 cd。因此，很有必要对高亮度 LED 和超高亮度 LED 的发光强度重新进行界定，以适应 LED 迅速发展的形势和要求。

**4. 按功率分类**

按功率大小，LED 可分为非功率型 LED 和功率型 LED 两大类。功率型 LED 又分为普通功率 LED 和 W 级 LED 两种，其中，普通功率 LED 的功率小于 1 W，W 级 LED 的功率大于 1 W。W 级 LED 也称为照明级 LED。照明级 LED 有单芯片和多芯片两种类型，功率有 3 W、5 W、10 W、15 W、20 W 等。照明级白光 LED 是最具有发展前景的一种固体冷光源。

**5. 按封装结构和材料分类**

LED 按封装结构可分为引脚式封装 LED 和表面贴装封装 LED 两类，按封装材料可分为全环氧树脂包封 LED、金属底座环氧树脂封装 LED、陶瓷底座环氧树脂封装 LED 和玻璃封装 LED 等。

**6. 按发光强度角分布图分类**

LED 按发光强度角分布图可分为高指向型 LED、标准型 LED 和散射型 LED。高指向型 LED 的半值角为 5°～20°或更小，一般为尖头环氧封装或带金属反射腔封装，不加散射剂，可用于局部照明光源和自动检测系统。标准型 LED 和散射型 LED 的半值角分别为 20°～45°和 45°～90°，可用于一般的指示灯和视角较大的指示灯。

**7. 按出光面的特征分类**

按出光面的特征，LED 可分为圆灯、方灯、矩形灯、面发光管、侧向管、表面安装用微型管等。圆形 LED 灯的直径可以为 0.2 mm、4.4 mm、5 mm、8 mm、10 mm、20 mm 等。

## 1.4.2 LED 的应用

LED 具有体积小、使用寿命长、耗电量低、反应速度快、耐振性好、适合量产等特点，已普遍应用于 3C 产品的指示灯和显示装置上。国内 LED 产品除了大量用于各种电器、仪器、仪表、设备外，主要应用在以下几方面。

（1）大、中、小型 LED 显示屏，如室内外广告牌、体育场记分牌、信息显示屏等。

（2）交通信号灯。

（3）室外景观照明和室内装饰照明。

（4）专用普通照明，如便携式照明（手电筒、头灯）、低照度照明（廊灯、门牌灯、庭院用灯）、阅读照明（飞机、火车、汽车上的阅读灯）、显微镜灯、照相机闪光灯、路灯。

（5）安全照明，如矿灯、防爆灯、应急灯、安全指示灯。

（6）特种照明，如军用照明（无红外辐射）、医用手术灯（无热辐射）、医用治疗灯、农作物和花卉专用照明。

从国内 LED 应用市场看，建筑照明、显示屏及交通信号灯合计占 56%，这些领域市场总量增长比较快，但相对分散，技术标准也不统一。在 LED 应用市场上，手机背光市场、即将开发的大尺寸背光市场、汽车市场是目标市场比较集中的"整装"市场,技术要求比较高。未来通用照明市场在细分市场上比较集中,从总体上看比较分散,但整体规模庞大。因此,背光市场、汽车市场与通用照明市场有利于进入企业持续稳定地成长,国内企业应更多地参与到这类市场的布局中,以赢得更广阔的成长空间。

# 第2章　LED封装工艺要求

LED 是将电能转化为可见光和辐射能的发光器件,具有工作电压低、耗电量小、发光效率高、发光响应时间极短、光色纯、结构牢固、抗冲击、耐振动、性能稳定可靠、重量轻、体积小、成本低等一系列特性,发展得非常迅速。

无论何种 LED 产品,都需要针对不同用途和结构类型设计出合理的封装形式,LED 只有经过封装才能成为终端产品,才能投入实际应用。因此,对 LED 而言,封装前的设计和封装过程的质量控制尤为重要。

## 2.1　LED 封装的作用

LED 封装的作用主要是输出电信号,保护管芯正常工作,输出可见光。LED 的核心发光部分是由 P 型和 N 型半导体构成的 PN 结管芯,当注入 PN 结的少数载流子与多数载流子复合时,就会发出可见光、紫外光或近红外光。但 PN 结区发出的光子是非定向的,即光子向各个方向发射的概率相同,因此,并不是管芯产生的所有光子都可以释放出来,这主要取决于半导体材料质量、管芯结构及几何形状、封装内部结构与包封材料。常规 $\phi 5$ mm 型 LED 封装是将边长为 0.25 mm 的正方形管芯黏结或烧结在引线架上,管芯的正极通过球形接触点与金丝键合为内引线与一个管脚相连,负极通过反射杯和引线架的另一个管脚相连,然后其顶部用环氧树脂包封。反射杯的作用是收集管芯侧面、界面发出的光,向期望的方向角内发射。顶部包封的环氧树脂做成一定形状,有以下几种作用:保护管芯等不受外界侵蚀;采用不同的形状和材料(掺或不掺散射剂),起透镜的作用,控制光的发散角;管芯折射率与空气折射率相差很大,致使管芯内部的全反射临界角很小,其有源层产生的光只有小部分被射出,大部分在管芯内部经过多次反射而被吸收,易发生全反射导致过多光损失,选用相应折射率的环氧树脂作为过渡,可以提高管芯的出光效率。构成管壳的环氧树脂必须具有耐湿性、绝缘性和一定的机械强度,对管芯发出的光的折射率和透射率应当较高。选择不同折射率的封装材料,对光子逸出效率的影响是不同的,发光强度的角分布也与管芯结构、光输出方式、封装透镜所采用的材料和形状有关。若采用尖形的树脂透镜,可使光集中到 LED 的轴线方向,相应的视角较小;如果顶部的树脂透镜为圆形,相应的视角将增大。

LED 封装技术大都是在分立器件封装技术的基础上发展与演变而来的,但是 LED 封装技术有很大的特殊性。一般情况下,分立器件的管芯被密封在封装体内,封装的作用主要是保护管芯和完成电气互联,而 LED 封装的作用主要是输出电信号,保护管芯正常工作,输出可见光,既有电学参数的设计及技术要求,又有光学参数的设计及技术要求,因此不能简单地将分立器件的封装用于 LED。

## 2.2 LED 封装的要求

LED 封装的基本要求是提高出光效率、光色性能及器件可靠性。

**1. 出光效率**

LED 封装的出光效率一般可达 80%~90%。采用以下方法,可以提高出光效率。

(1) 选用透明度更高的封装材料;

(2) 选用高激发效率的荧光粉,颗粒大小要适当;

(3) 反射杯有较高的反射率;

(4) 选用合适的封装工艺,特别是涂覆工艺。

**2. 光色性能**

LED 主要的光色技术参数有眩光、色温、显色指数、色容差、光闪烁等。显色指数 CRI ≥70(室外)、≥80(室内)、≥90(美术馆等)。色容差≤5 SDCM(全寿命期间)。封装上要采用多基色组合来实现,重点改善 LED 辐射的光谱能量分布,向太阳光的光谱能量分布靠近。要重视量子点荧光粉的开发和应用,以实现更好的光色质量。

**3. 器件可靠性**

LED 器件可靠性包含在不同条件下 LED 器件的性能变化及各种失效模式机理(LED 封装材料退化、综合应力的影响等)。这里主要提到可靠性的表征值——使用寿命。目前 LED 器件的使用寿命一般为 3 万~5 万小时,最长可达 5 万~10 万小时。采用以下方法,可以提高 LED 器件的可靠性。

(1) 选用合适的封装材料:结合力大、应力小、气密性好、耐高温、耐湿、抗紫外光等。

(2) 选用合适的封装散热材料:高导热率和高导电率的基板;高导热率、高导电率和高强度的固晶材料;应力小。

(3) 选用合适的封装工艺:装片、压焊、封装等结合力大,应力小。

## 2.3 LED 光集成封装技术

LED 光集成封装结构现有 30 多种类型,正逐步走向系统集成封装,是未来封装技术的发展方向。

**1. COB 集成封装**

COB 集成封装现有 MCOB、COMB、MOFB、MLCOB 等 30 多种封装结构形式,COB 封装技术日趋成熟,其优点是成本低。COB 封装现占 LED 光源 40%左右的市场份额,光效可达 160~178 lm/W,热阻可达 2 ℃/W。

**2. 晶圆级封装**

晶圆级封装从外延做成 LED 器件只要一次划片,一般衬底采用硅材料,无须固晶和压焊,点胶成型,形成系统集成封装。其优点是可靠性高、成本低。

**3. COF 集成封装**

COF 集成封装是指在柔性基板上大面积组装中功率 LED 芯片,具有导热率高、成本低、出光均匀、光效高等优点,可提供线光源、面光源和三维光源的各种 LED 产品,也可满足 LED 现代照明、个性化照明需求,市场前景看好。

**4. 模块化集成封装**

模块化集成封装一般指对 LED 芯片、驱动电源、控制部分(含 IP 地址)、零件等进行系统集成封装,具有节约材料、成本低、可进行标准化生产、维护方便等优点。

**5. 覆晶封装**

覆晶封装技术主要采用陶瓷基板、覆晶芯片、共晶工艺、直接压合等达到高功率照明性能要求。用金锡合金将芯片压合在基板上,替代以往的银胶工艺,用直接压合替代过去的回流焊,这样封装出来的芯片具有体积小、性能好、连线短等优点。覆晶封装是大功率 LED 封装的主要发展趋势。

## 2.4　LED 封装环境的要求

**1. 净化要求**

LED 生产环境中的灰尘一旦进入器件中,可能会遮挡芯片发光面,降低工艺可靠性,造成潜在的危害,这将直接或间接影响封装产品的质量。除了测试、包装外,其他工艺的生产操作一般在十万级到万级的净化车间中进行,在净化车间中不仅要对灰尘数量进行控制,还要做好静电防护,并且事先要设计好车间的气流、人流、物流方案,避免在运用过程中出现废料(气)排放困难、物流人流影响生产环境、不容易进行目视化管理等问题。在对净化有特别要求的生产工艺环节,也可以进行局部净化设计,以提高或降低个别区域的灰尘防护等级。

净化车间的使用除了在灰尘的数量控制方面有着不可替代的作用外,净化车间的防静电地板和墙壁,对静电的防护也起着重要的作用。车间内的湿度与静电紧密相关。当相对湿度为 80%～90% 时,人与桌面摩擦所产生的静电为 400～500 V,而当相对湿度为 30%～40% 时,人与桌面摩擦所产生的静电可达到 1500～2000 V,这么高的静电足以击穿 LED 或造成 LED 损伤,从而使 LED 的使用寿命缩短,或使产品的可靠性降低。

**2. 温度和湿度要求**

空气中所含水分的多少也会影响封装器件的质量,过少的水分不仅会引起灰尘含量的增加,也会增加静电产生和累积的可能性;过多的水分则会对封装器件中的点连接造成潜在的危害。同时,过高和过低的温度也会使器件的可靠性降低。因此,封装环境中的温度和湿度都要控制在一定的范围内,温度一般为 17～27 ℃,即室温范围,相对湿度一般为 30%～70%。温度变化和干燥的环境不利于静电的消除,所以环境温度和湿度要保持稳定,温度最好在 23 ℃左右,相对湿度最好不要低于 40%。

**3. 防静电要求**

LED 是在弱电环境下工作的器件,静电对于利用 PN 结原理工作的 LED 来说是致命的。无论是在材料取用和生产过程中还是在封装运输过程中,产生的过高的静电,要么直接击穿 PN 结,对 LED 造成破坏性的损伤,要么间接对器件造成潜在的危害,以致 LED 在后期使用过程中出现各种问题。所以 LED 的生产环境中要采取严格的防静电措施,主要有以下几种:①在净化车间内进行工艺操作;②在普通车间内进行工艺操作时,要保证车间内的地板、墙壁、桌、椅等有防静电功能;③配备防静电手套、防静电鞋、防静电手环等。

为了减小静电给 LED 带来的破坏和影响,生产 LED 的净化车间对地面、墙壁等都有严格的防静电要求。

## 2.5 LED 封装结构类型

自 20 世纪 90 年代以来,LED 芯片及材料制作技术的研发取得了多项突破,超高亮度的红色、橙色、黄色、绿色、蓝色 LED 产品相继问市。从 2000 年开始,LED 在低、中光通量的特殊照明中获得应用,LED 的上、中游产业受到前所未有的重视,进一步推动下游的封装技术及产业的发展。采用不同的封装结构形式与不同发光颜色的管芯,可生产出多种系列、品种、规格的 LED 产品。

LED 封装结构可根据发光颜色、芯片材料、发光亮度、尺寸大小等进行分类。单个管芯一般构成点光源,多个管芯组装一般可构成面光源和线光源,作信息、状态指示及显示之用。发光显示器也是用多个管芯,通过管芯的适当连接(包括串联和并联)与合适的光学结构组合而成的。

### 1. 引脚式封装

引脚式封装是最先研发成功投放市场的封装结构,品种繁多,技术成熟度较高,反射层目前仍在不断改进。标准 LED 被大多数客户认为是目前显示行业中最方便、最经济的解决方案,典型的传统 LED 安置在能承受 0.1 W 输入功率的包封层内,90% 的热量是由负极的引脚架散发至 PCB 板,再散发到空气中的,如何降低 LED 工作时 PN 结的温升是封装与应用时必须考虑的问题。包封材料多采用高温固化环氧树脂,其光学性能优良,工艺适应性好,产品可靠性高,可做成有色透明或无色透明、有色散射或无色散射的透镜封装。环氧树脂的不同组分可产生不同的发光效果。点光源有多种不同的封装结构:陶瓷底座环氧树脂封装点光源具有较好的性能,引脚可弯曲成所需形状,体积小;金属底座塑料反射罩式封装点光源是一种节能指示灯,可以用作电源指示灯;闪烁式点光源将 CMOS 振荡电路芯片与 LED 管芯组合封装,可产生视觉冲击较强的闪烁光;双色型点光源由两种不同发光颜色的管芯组成,封装在同一个环氧树脂透镜中,除双色外还可获得第三种混合色,在大屏幕显示系统中的应用极为广泛,并且可封装组成双色显示器件。面光源是多个 LED 管芯黏结在微型 PCB 板的规定位置上,采用塑料反射罩并灌封环氧树脂而形成的,PCB 板的不同设计决定了外引线的排列和连接方式,有双列直插与单列直插等结构形式。对于点光源和面光源,现已开发出数百种封装外形及尺寸,供客户选用。

### 2. 直插式 LED 的封装

直插式 LED 的封装采用灌封的形式。灌封过程如下:先在 LED 成型模腔内注入液态环氧树脂,然后插入压焊好的 LED 支架,并放入烘箱中让环氧树脂固化,最后将 LED 从模腔内取出。LED 实物如图 2-1 所示。

### 3. 表面贴装封装

2002 年,表面贴装封装 LED(SMD LED)逐渐被市场接受,并占据了一定的市场份额,

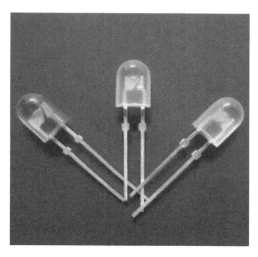

图 2-1　LED 实物

很多生产厂家推出了此类产品。早期的 SMD LED 大多采用带透明塑料体的 SOT-23 改进型,外形尺寸为 3.04 mm×1.11 mm,卷盘式容器编带包装。在此基础上,研发出了带透镜的高亮度的 SLM-125 系列 SMD LED 和 SLM-245 系列 SMD LED,前者为单色发光,后者为双色或三色发光。近些年,SMD LED 成为一个发展热点,很好地解决了亮度、视角、平整度、可靠性、一致性等问题,采用更轻的 PCB 板和反射层材料,在反射层需要填充的环氧树脂更少,并去除了较重的碳钢材料引脚,这样可以缩小尺寸,减轻产品重量。

#### 4. 数码管的封装

LED 发光显示器可由数码管、米字管、符号管、矩阵管等组成,根据实际需求设计成各种形状与结构。以数码管为例,有反射罩式、单片集成式、单条七段式三种封装结构,连接方式有共阳极和共阴极两种。

反射罩式数码管具有用料省、组装灵活等特点,一般用白色塑料制作成带反射腔的七段式外壳,将单只 LED 贴在与反射罩的七个反射腔互相对位的 PCB 板上,每个反射腔底部的中心位置就是 LED 芯片,以形成发光区域,用压焊的方法键合引线。在反射罩内滴入环氧树脂,再把带有芯片的 PCB 板与反射罩对位黏合,然后固化。

单片集成式数码管是在发光材料基片上制作出大量七段数码显示器图形管芯,然后划片分割成单片图形管芯,并进行黏结、压焊,最后封装带透镜的外壳。

单条七段式数码管是将已制作好的大面积 LED 芯片划成内含一只或多只管芯的发光条,然后将同样的七条发光条黏结在日字形可伐框上,经压焊、环氧树脂封装而成。单片式、单条式数码管可采用双列直插式封装,大多是专用产品。

#### 5. 功率型 LED 的封装

LED 芯片向大功率方向发展,必须采用有效的散热与不劣化的封装材料解决光衰问题,因此,管壳及封装是其关键技术。在实际应用中,可将已封装好的产品组装在一个带有铝夹层的金属芯 PCB 板上,PCB 板作布线之用,铝夹层则作热沉之用,可以获得较高的光通量和光电转换效率。功率型 LED 的热特性会直接影响 LED 的工作温度、发光效率、发光波长、使用寿命等,因此,功率型 LED 芯片的封装设计和制造技术显得尤为重要。

## 2.6 发展趋势

**1. 选用大尺寸芯片封装**

用 $1 \times 1$ mm² 的大尺寸芯片替代现有的 $0.3 \times 0.3$ mm² 的芯片进行封装,在芯片注入电流密度不能大幅度提高的情况下,是一种重要的技术发展趋势。

**2. 芯片倒装技术**

芯片倒装技术可以解决电极挡光和蓝宝石散热不良等问题。在 P 电极上做厚层的银反射器,然后通过电极凸点与基座上的凸点键合。基座用散热良好的硅材料制得,并在上面做好防静电电路。芯片倒装大约可以使出光效率增加 1.6 倍,芯片散热能力也可以得到大幅改善。采用芯片倒装技术的大功率发光二极管的热阻可低至 $12 \sim 15$ ℃/W。

**3. 金属键合技术**

这是一种廉价而有效的制作功率型 LED 的方法,主要采用金属与金属或金属与硅片的键合技术,选用导热良好的硅片取代原有的 GaAs 或蓝宝石衬底。金属键合型 LED 具有较强的热耗散能力。

**4. 开发大功率紫外光 LED(UV LED)**

UV LED 配上三色荧光粉提供了一个方向,白光色温稳定性较好,使其在许多高品质需求的应用场合(如节能台灯)中得到运用。这种技术虽然有许多优点,但是有一定的技术难度,这些困难包括配合荧光粉紫外光波长的选择、UV LED 的制作、抗 UV 封装材料的开发等。

**5. 开发新的荧光粉和涂覆工艺**

荧光粉质量和涂覆工艺是保证白光 LED 质量的关键。荧光粉的技术发展趋势是开发纳米晶体荧光粉、表面包覆荧光粉技术。

**6. 开发新的封装材料**

开发新的安装在 LED 芯片的底板上的高导热率的材料,然后使 LED 芯片的工作电流密度提高 $5 \sim 10$ 倍。就目前的趋势看来,金属基座材料主要是高导热率的材料,如铝、铜、陶瓷等,但这些材料的热膨胀系数与芯片的热膨胀系数差异很大,若将其直接接触,很可能因为温度升高时材料间产生应力而造成可靠性方面的问题,所以一般会在材料间加上中间材料作为间隔。

原来的 LED 有许多光线因为折射而无法从 LED 芯片中照射到外部,而新开发的 LED 在芯片表面涂了一层折射率处于空气和 LED 芯片之间的硅类透明树脂,并且使透明树脂表面带有一定的角度,这样可以使光线高效地照射出来。

传统的环氧树脂热阻高,抗紫外老化性能差,针对这种情况,研发高透过率、耐热、高导热率、耐 UV 和日光辐射的封装树脂也是一个趋势。

在焊料方面,要适应环保要求,开发无铅低熔点焊料。进一步开发有更高的导热系数和对 LED 芯片应力小的焊料也是一个重要的课题。

**7. 多芯片型 RGB LED**

将发出红、蓝、绿三种颜色的光的芯片,直接封装在一起,可制成白光发光二极管。其优点是不需要经过荧光粉的转换,而通过三色晶粒直接配成白光,除了可避免荧光粉转换造成的损失而得到较高的发光效率外,还可以通过分开控制三色发光二极管的光照强度,达到全彩的变色效果。

**8. 多芯片集成封装**

目前大尺寸芯片封装还存在发光不均匀、散热不良等问题。采用常规芯片进行高密度组合封装的功率型 LED 可以获得较高的光通量,是一种很有发展前景的功率型 LED 光源。小芯片工艺相对成熟,各种高导热率绝缘夹层的铝基板便于芯片集成和散热。

**9. 平面模块化封装**

平面模块化封装的优点是由模块组成光源,形状、大小具有很大的灵活性,非常适合于室内光源设计。芯片之间的级联和通断保护是一个难点。

# 第3章 LED封装工艺流程

LED封装主要包括以下几个环节:固晶、焊线、配胶和灌胶、切脚、分选和包装。

## 3.1 固晶环节

固晶就是固定芯片,是指将LED芯片通过银胶或绝缘胶固定在LED支架的碗杯中。在固晶环节中,包括扩晶、排支架、点胶、固晶、固化等工序,如图3-1所示。

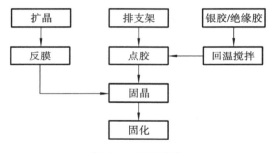

**图3-1 固晶环节**

### 3.1.1 扩晶

扩晶是指利用白膜或蓝膜在扩晶时产生的张力带动间隙较小的芯片运动,将原本紧密排列在一起的芯片分开,使得芯片和芯片之间的距离变大。

LED芯片是发光二极管的核心组件,它主要由砷、铝、镓、铟、磷、氮、锶这几种元素中的若干种组成。一般,LED芯片的衬底有三种材料:蓝宝石($Al_2O_3$)、硅(Si)、碳化硅(SiC)。LED芯片如图3-2所示。

扩晶机,也叫芯片扩张机,广泛应用于发光二极管、数码管和一些特殊半导体器件生产企业内的晶粒扩张工序。扩晶机如图3-3所示。

扩晶机的主要参数如下。

(1)额定电压:220 V。

(2)频率:50 Hz。

(3)功率:250 W。

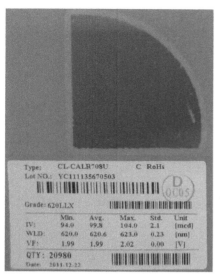

图 3-2　LED 芯片

图 3-3　扩晶机

（4）扩晶托盘最大行程：75 mm。

（5）温度控制：0～200 ℃。

（6）外形尺寸：250 mm×350 mm×820 mm。

## 3.1.2　排支架

排支架是点胶的前一道工序，目的是提高整体效率。支架（见图 3-4）是 LED 最主要的原物料之一，与芯片金线相连，负责导电与散热，在 LED 封装中起着重要作用。检验支架时，主要检查以下几个方面：支架是否出现数量短少、混料；支架有无刮伤、压伤、毛边；支架碗扣是否变形；支架是否电镀不均匀。

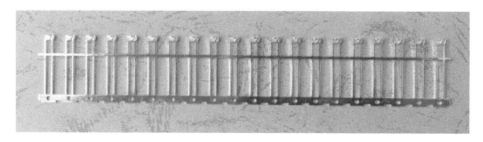

图 3-4　支架

## 3.1.3　点胶

点胶是指利用点胶机将银胶或绝缘胶点入支架的碗杯中。银胶常用于需要芯片基底导电的封装中，而绝缘胶则用于无须导电的封装中。点胶机如图 3-5 所示。

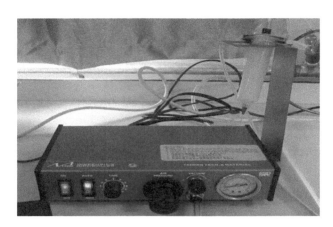

图 3-5　点胶机

## 3.1.4　固晶

固晶是指将芯片固定在支架的碗杯中。固晶的要求为:晶粒四面包胶;晶粒要平,且在碗杯中央;杜绝斜片、晶粒固反;芯片不可悬浮在银胶上。固晶机如图 3-6 所示。

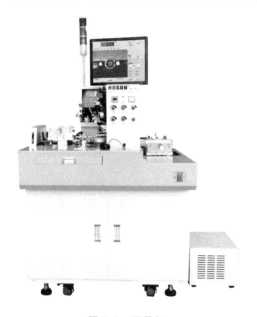

图 3-6　固晶机

固晶机主要由以下六个部分组成。

(1) 吸晶摆臂系统:由拾取头组件和焊臂组成,其中,焊臂直控式电机控制旋转,音圈电机控制上下运动。

(2) 点胶系统:点胶头与焊头固定在一起,由两个交流伺服电机分别驱动点胶臂作旋转运动及上下运动,一个步进电机驱动胶盘作旋转运动。

(3) 推顶器系统:由推顶针和分离晶片的真空吸盘组成。

（4）晶片台系统：由两个直线电机驱动的 XY 工作台和一个校准机构组成。

（5）进出料系统：由两个直线电机与一个音圈电机控制支架进出料。

（6）光学系统：由吸晶光学系统和固晶光学系统组成，吸晶光学系统用于晶片的吸取，固晶光学系统用于调试。

### 3.1.5　固化

固化需要用到的材料为固好芯片并通过检验的支架。

在 LED 封装流程中，有多道工序需要用到烘烤箱，包括固晶后的固化、AB 胶预热、模条预热、短烤、长烤。LED 光电烤箱如图 3-7 所示。

固化的工艺要求如下：烘烤时间要足够；温度要设定正确。

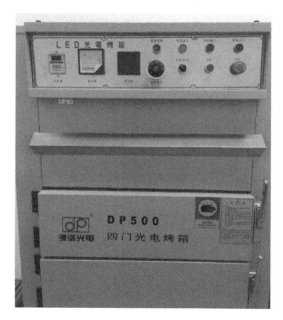

图 3-7　LED 光电烤箱

## 3.2　焊线环节

焊线是 LED 生产中非常重要的一个环节，它是通过焊线机用金线对 LED 的支架管脚和 LED 芯片电极进行焊接，这样才能完成 LED 芯片的电气连接，使其发光。

焊线，也称为引线焊接、压焊、键合等。通常采用热超声键合工艺，利用热及超声波，在压力、热量和超声波能量的共同作用下，使焊丝焊接到芯片的电极及支架上，在芯片电极和外引线键合区形成良好的欧姆接触，完成芯片的内外电路的连接工作。LED 键合金线（见图 3-8）由纯度为 99.99% 以上的金材料键合拉丝而成。金线在 LED 封装中起着导线连接的作用，将芯片表面的电极和支架连接起来。当导通时，电流通过金线进入芯片，使芯片发光。

图 3-8  LED 键合金线

## 3.2.1  金线的检验

金线进料检验主要是金线外观检测和拉力测试,外观要求金线干净无尘、整洁,拉力测试是对进料卷数抽取 30%,取每卷的 5～10 cm 进行拉力测试。

## 3.2.2  瓷嘴

瓷嘴(见图 3-9),也称为陶瓷劈刀,是焊线机的一个重要组成部件。金线通过焊线机的送线系统最后到达瓷嘴,在瓷嘴上下移动的过程中完成烧球、焊线等操作。

图 3-9  瓷嘴

瓷嘴堵塞的解决方法详述如下。

(1) 轻微堵塞:用镊子夹酒精棉球包住瓷嘴尖部,然后操作焊线机左边面板上的"超声测试"开关或按键,利用超声波(可适当调大功率)清洗瓷嘴,连续清洗多次,每次 3 秒左右。

(2) 一般堵塞:首先在支架上焊接几个金球堆,然后加大压力、功率,让瓷嘴在金球堆上焊接,即可将孔内的堵塞物黏拉出或挤拉出,最后重复第(1)项。

(3) 严重堵塞:用浓硝酸和浓盐酸混合液(比例为 1∶3)浸泡瓷嘴,即可将堵塞物腐蚀,然后用清水清洗几次,最后重复第(1)项。

(4) 特严重堵塞:可用钨丝直接将堵塞物顶出,然后重复第(1)项。

## 3.2.3　焊线机

超声波金丝球焊线机(见图 3-10)的基本原理是在超声波能量、热量、压力的共同作用下形成焊点,其工艺过程可简单地表示为烧球——焊—拉丝—二焊—断丝—烧球。

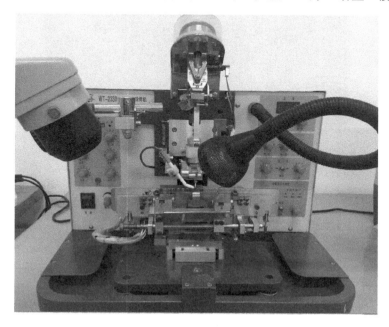

**图 3-10　超声波金丝球焊线机**

超声波金丝球焊线机主要用于大功率发光二极管、激光管、三极管、集成电路、传感器和一些特殊半导体器件的内引线焊接,特别适合于大功率发光二极管的焊接。超声波金丝球焊线机具有以下特点。

(1) 单向焊接时,可以记忆两条线的数据,方便左、右支架均采用同侧单向焊接。

(2) 双向焊接时,焊完第一条线后自动移动到第二条线一焊上方,大致对准第二条线的第一个焊点,可提高效率并保护第一条线。

(3) 双向焊接时,两条线的二检高度、拱丝高度分别可调,便于不同二焊高度的支架焊接。

(4) 弧度增大功能,有弧形 1、弧形 2 及弧形 3 三种方案可供选择,对于弧度要求较高的大功率发光二极管支架、深杯支架及食人鱼支架,可以大大提高合格率。

(5) 二焊补球功能,可大大提高二焊的可焊性。

(6) 自动过片 1 步或 2 步选择,对于大距离的支架,选择每次过片 2 步,可以大大提高生产效率。

(7) 连续过片功能,对于返工支架,可以提高效率。

(8) 劈刀检测功能,可检测劈刀是否正确安装,大大减少人为的虚焊。

(9) 烧球性能大大改善。

全自动焊线机如图 3-11 所示。

图 3-11　全自动焊线机

## 3.3　配胶和灌胶环节

配胶、灌胶环节是利用特定的材料将 LED 的芯片和焊线保护起来,并达到一定的发光效果。LED 主要采用灌胶封装(简称灌封)的形式。灌封的过程是先在 LED 成型模腔内注入液态胶水,然后插入压焊好的 LED 支架,放入烘烤箱内让胶水固化,然后将 LED 从模腔中取出。灌胶封装后的支架如图 3-12 所示。

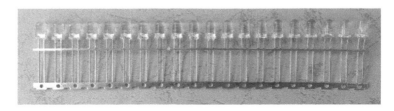

图 3-12　灌胶封装后的支架

### 3.3.1　配胶

焊线结束后,需要进行配胶、灌胶操作。胶水应该根据生产配料单的要求对 AB 胶、扩散剂、色膏等按照比例进行配制,并进行搅拌和抽真空操作。

**1. AB 胶**

AB 胶的作用为:注入成型模腔后,高温固化成型,保护 LED 内部结构,并导出芯片发出的光,以达到预期的发光效果。

AB 胶如图 3-13 所示,左边为 A 胶(环氧树脂),右边为 B 胶(固化剂)。

**2. 扩散剂与色膏**

LED 扩散剂一般由树脂和散光性填充料组成,是 LED 产品的重要辅料。加入扩散剂

图 3-13　AB 胶

能使 LED 从点光源变为面光源,从而使 LED 发出的刺眼的光线变得柔和。LED 色膏是用来改变 LED 外观颜色的重要辅料。加入色膏能调节 LED 成品的发光效果,有利于在使用 LED 时辨别其颜色。

**3．搅拌机**

搅拌机,是一种能对多种原料进行搅拌,使其成为具有适宜稠度的均匀混合物的机器,一般利用电机驱动滚轴带动叶片旋转。搅拌机如图 3-14 所示。

图 3-14　搅拌机

**4. 真空箱**

用搅拌机搅拌胶水时,气泡会混入到胶水中,气泡对 LED 成品有很大的影响,因此,灌胶之前必须对胶水进行抽真空处理。一般是将胶水放入真空箱内进行抽真空操作。真空箱如图 3-15 所示。

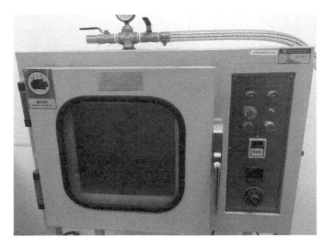

图 3-15　真空箱

### 3.3.2　灌胶

模条是 LED 成型的模腔,直插式单管 LED 在封装成不同的外形时,需要用到不同的模条。模条是由钢片经注塑(TPX 材质)而制成的。TPX 有较高的透明度,并且具有极佳的耐热性。模条如图 3-16 所示。

图 3-16　模条

灌胶分为手动灌胶和半自动灌胶。半自动灌胶的工艺要求如下。

(1) 支架应压到位,否则会出现插偏、插浅。

(2) 胶水的量应该足够。

(3) 碗杯内不能产生气泡。

(4) 支架、模条应该先预热,并保证在灌胶时具有一定的温度。

(5) 房间温度应该控制在 18～30 ℃。

(6) 操作时,要戴防静电手套。

### 3.3.3　短烤

短烤的目的如下:使胶水初步固化,便于离模;缩短模条的烘烤时间,增加其使用次数。

### 3.3.4　离模

离模是指将短烤后的支架从模条中脱离出来,以便于支架进行长烤,模条进行再次循环利用。离模机用于把短烤后的支架从模条中脱离出来。离模机一般由气缸、离模针、底座、脚踏开关等组成,操作简单、方便。离模机如图 3-17 所示。

图 3-17　离模机

### 3.3.5　长烤

离模后的 LED 产品需要进行长烤,目的是使胶水充分固化,保证 LED 成品的性能稳定。

工艺要求如下:确保烘烤时间足够;确保烘烤箱内的温度与设定温度是一致的;房间温度应控制在 $18\sim30$ ℃,相对湿度应控制在 $30\%\sim70\%$,当相对湿度低于 $30\%$ 时,要用加湿器加湿。

## 3.4　切脚环节

长烤后的 LED 性能已经稳定,但还是数十只 LED 在支架上相连,因此必须将其分离开,使其成为一只只独立的 LED。切脚环节包括一切、初测、二切三道工序。

### 3.4.1　一切

一切是指利用一切机(见图 3-18)将长烤后的 LED 支架的连接筋切断,使 20 只或者 30

只 LED 成为共阴极或共阳极方式,便于初测。

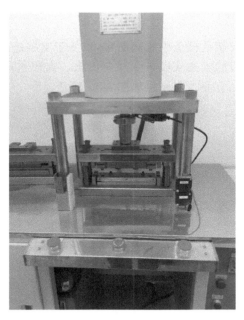

图 3-18　一切机

## 3.4.2　初测

初测主要是对一切后的 LED 支架进行目测和排测,初步分选出 A、B、C 类产品。

LED 排测机(见图 3-19)是 LED 专用测试仪,它能给整个支架的 20 只(或其他数目)LED 供电,并给出各只 LED 的电学参数。测试项目包括小电流压降、大电流压降、漏电流的检测,全点亮目测外观,闸流体效应的检测,反向电压冲击试验等。

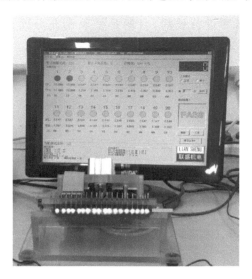

图 3-19　LED 排测机

### 3.4.3　二切

二切是指利用二切机(见图 3-20)将一切后的 LED 支架切成一只只独立的 LED。经初测后合格的 LED 支架可进行二切操作,即将 LED 支架底部的连接筋切断,使其成为一只只独立的 LED。二切后的 LED 如图 3-21 所示。

图 3-20　二切机

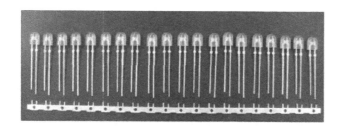

图 3-21　二切后的 LED
(长脚为正极,短脚为负极)

## 3.5　分选和包装环节

通过前面几个环节,LED 封装已经基本完成,接下来应对 LED 成品进行分选和包装。分选,是指对 LED 进行分光分色。分选是 LED 成品入库前对其进行质量管控的一道重要工序。包装,是指对分选后的 LED 成品进行防静电包装。

### 3.5.1　分选

通常采用 LED 常用的几个关键参数(如主波长、发光强度、正向电压、反向漏电流等)进行分选。

由于人们对 LED 的一致性要求越来越高,早期的分选机是 32 挡,后来增加到 64 挡、72 挡,白光 LED 的分选甚至需要 128 挡的分选机。

**1. 分光分色机**

分光分色机主要由机械系统、控制系统、测试系统及软件系统组成。其中,控制系统采用 PC 与 PLC 相结合的技术,PC 用于控制 LED 的光色电测试,PLC 则用于控制机械系统的运行。分光分色机如图 3-22 所示。

**图 3-22　分光分色机**

**2. 工艺要求**

(1) 分选开始前,必须用标准灯进行校正。

(2) 房间温度应控制在 18～30 ℃,相对湿度应控制在 30%～70%,当相对湿度低于 30% 时,应用加湿器加湿。

(3) 操作时,要戴防静电手套。

## 3.5.2　包装

分选过程中,当某挡的 LED 数量达到设定值后,需要取出该挡的 LED,然后将其放入防静电袋并封口。最后,数十袋为一箱,登记入库。

包装需要用到的工具和设备包括封口机、防静电袋、纸箱、胶带、剪刀等。

**1. 封口机**

将 LED 装入防静电袋后,为了使 LED 得以密封保存,保证产品质量,需要对防静电袋进行封口。封口操作一般是在封口机(见图 3-23)上完成的。

**2. 防静电袋**

在 LED 的整个生产流程中,都应该注意防静电,LED 成品也应该用防静电袋封装。防静电袋如图 3-24 所示。

图 3-23　封口机

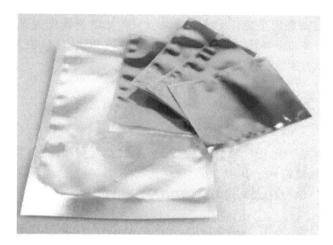

图 3-24　防静电袋

# 第4章 LED的检测与标准

LED是一种新型的利用半导体PN结或类似结构把电能转化为光能的器件,它同时具有光源的一般特性和普通半导体二极管的特性。本章将介绍LED的光学、电学、热学等参数,检测标准,以及常用的检测设备和测试方法。

## 4.1 LED的技术参数

LED电子显示屏是利用化合物材料制成PN结的光电器件。它具备PN结型器件的电学特性、光学特性和热学特性。其中,电学特性主要指$I$-$U$特性;光学特性主要包括色度学特性和光度学特性;热学特性主要指LED的结温、热阻等。

### 4.1.1 LED的电学参数

**1. LED的$I$-$U$特性**

图4-1所示为LED的$I$-$U$特性曲线。发光二极管具有与一般半导体二极管相似的伏安特性曲线。下面分别对图4-1中所示的各段进行说明。

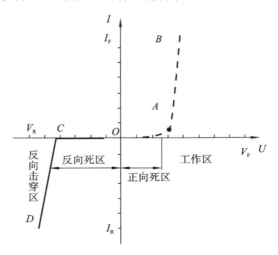

**图4-1 LED的$I$-$U$特性曲线**

（1）$OA$ 段：正向死区。红色（黄色）LED 的开启电压一般为 0.2～0.25 V，绿色（蓝色）LED 的开启电压一般为 0.3～0.35 V。

（2）$AB$ 段：工作区。在这一区段，一般是随着电压增加，电流也跟着增加，发光亮度也跟着增大。但在这个区段内要特别注意，如果不加任何保护，当正向电压增加到一定值后，发光二极管的正向电压会减小，而正向电流会加大。如果没有保护电路，会因电流增大而烧坏发光二极管。

（3）$OC$ 段：反向死区。发光二极管加反向电压是不发光（不工作）的，但有反向电流，这个反向电流通常很小，一般为几微安。1990—1995 年，反向电流定为 10 $\mu$A，1996—2000 年定为 5 $\mu$A，目前一般是在 3 $\mu$A 以下，但基本上是 0 $\mu$A。

（4）$CD$ 段：反向击穿区。发光二极管的反向电压一般不要超过 10 V，最大不得超过 15 V，超过这个电压，就会出现反向击穿，导致 LED 报废。

**2．LED 的电学指标**

对于 LED 器件，一般常用的电学指标有以下几项。

（1）正向电压 $V_F$：LED 正向电流为 20 mA 时的正向电压。

（2）正向电流 $I_F$：对于小功率 LED，一般定为 20 mA，这是小功率 LED 的正常工作电流。但目前出现了大功率 LED 芯片，所以 $I_F$ 要根据芯片的规格来确定。

（3）反向漏电流 $I_R$：按以前的常规规定，指反向电压为 5 V 时的反向漏电流。随着发光二极管性能的提高，反向漏电流会越来越小。

（4）工作时的耗散功率 $P_D$：正向电流乘以正向电压。

**3．LED 的极限参数**

对于 LED 器件，一般常用的极限参数有以下几项。

（1）最大允许耗散功率 $P_{max}$：一般指环境温度为 25 ℃时的额定功率。当环境温度升高时，LED 的最大允许耗散功率会下降。

（2）最大允许工作电流 $I_{FM}$：根据最大允许耗散功率来确定。参考一般的技术手册中给出的工作电流范围，最好在使用时不要用到最大允许工作电流。要根据散热条件来确定，一般不要超过最大允许工作电流的 60%。

（3）最大允许正向脉冲电流 $I_{FP}$：一般根据占空比与脉冲重复频率来确定。LED 工作于脉冲状态时，可通过调节脉宽来实现亮度调节，例如，LED 显示屏就是利用这种手段来调节亮度的。

（4）反向击穿电压 $V_R$：反向击穿电压通常不超过 15 V，在设计电路时，一定要确保加到 LED 上的反向电压不超过 15 V。

## 4.1.2　LED 的光学参数

人眼对自然界光的感知有两个方面：一是光的颜色，即色度学方面；二是光的辐射强度，即光度学方面。我们将从这两个方面展开讨论，进而分析 LED 的各种光学指标。

**1．LED 的色度学参数**

光的颜色的三种表示方法分别为国际照明委员会色品图表示法、光的颜色鲜艳度、色温或相关色温。下面将逐一进行介绍。

1）国际照明委员会色品图表示法

颜色感觉是光源辐射或被物体反射的光作用于人眼的结果。因此,颜色不仅取决于光刺激,而且取决于人眼的颜色视觉特性。关于颜色的测量和标准应该符合人眼的观测结果。但是,人眼的颜色视觉特性对于不同的观测者或多或少会有一些差异,因此,要根据大量观测者的颜色视觉实验,确定一组匹配等能量光谱色所需的三原色数据,即光谱三刺激值,以此来代表人眼的平均颜色视觉特性,用于色度学的测量和计算。

国际照明委员会 1931 年在 RGB 系统的基础上采用设想的三原色 X、Y、Z（分别代表红色、绿色和蓝色）,建立了 CIE1931 色品图,如图 4-2 所示。该图是归一化图,只要标示 $x$、$y$ 的值,就可以知道 $z$ 的值 $[z=1-(x+y)]$,因而三变量的色品图就变成了 $x$、$y$ 二变量的平面图。

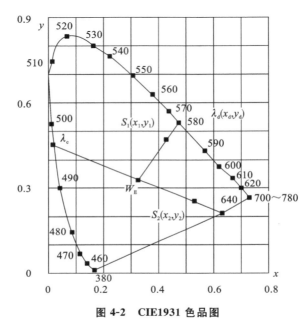

图 4-2　CIE1931 色品图

2）光的颜色鲜艳度

光的颜色鲜艳度可以用光的主波长和色纯度来表示。目前,LED 芯片供应商都是用主波长来表示鲜艳度,而不用峰值波长来表示。

（1）主波长 $\lambda_d$。

图 4-3 所示为色品图,图中 $AB$ 为黑体轨迹。设 $F$ 点为某一光源在色品图中的坐标,$E$ 点为理想等能量白光的参考光源点,坐标为(0.3,0.3)。由 $E$ 点连接 $F$ 点并延伸交于 $G$ 点,则 $G$ 点对应的单色波长就称为 $F$ 点光源的主波长。

（2）峰值波长 $\lambda_p$。

峰值波长是指光谱发光强度或辐射功率最大处对应的波长。它是一种纯粹的物理量,一般应用于波形比较对称的单色光的检测。

（3）中心波长。

光谱发光强度或辐射功率出现主峰和次峰时,主峰半宽度的中心点所对应的波长就是中心波长。中心波长一般应用于配光曲线法线方向附近凹进去的、质量不好的单色光的

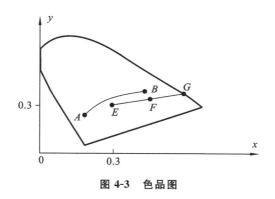

图 4-3　色品图

检测。

（4）色纯度 Pe。

如图 4-3 所示，Pe＝EF/EG。如果某一光源在色品图中的坐标 F 点越靠近 G 点，EF 和 EG 的长度就越接近相等，Pe 就越接近 1，色纯度就越高。通俗地说，色纯度是指出射光的色坐标靠近 CIE1931 色品图中光谱轨迹的程度，靠得越近，则色纯度越高。色纯度是一种生理-心理物理量。

（5）半宽度。

半宽度是指光谱发光强度或辐射功率最大处的一半的宽度，简称带宽。带宽越小，颜色越纯。它也是纯粹的物理量。

3）色温或相关色温

白光在照明领域中的使用，一般用色温或相关色温表示（有时也用色坐标表示）。光源的颜色有两方面的意思，即色表和显色性。色表就是人眼直接观察光源时所看到的光的颜色；光源的光照射到物体上所产生的客观效果，即光源使被照有色物体的颜色再次显现出来的能力，称为光源的显色性。

光源发光的颜色可用色温表示。当光源所发射的光的颜色与黑体在某一温度下辐射的光的颜色相同时，黑体的这个温度就称为光源的颜色温度，简称色温。光谱的能量分布和黑体在某一温度下辐射的相对光谱能量分布相似时，其颜色必定相同，因此，分布温度一定是色温。例如，白炽灯、卤钨灯发出的光的颜色可用色温表示。但是对于气体放电光源，其光谱能量分布很少与黑体的相似，所以这些光源的分布温度仅能称为相关色温。

不同颜色的光的色温如图 4-4 所示。一般情况下，人们把高色温称为冷色调，把低色温称为暖色调。

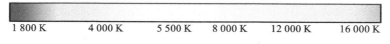

| 1 800 K | 4 000 K | 5 500 K | 8 000 K | 12 000 K | 16 000 K |

图 4-4　不同颜色的光的色温

## 2. LED 的光度学参数

1）相对视敏函数 $V(\lambda)$ 曲线

对于 $\lambda_p$ 不同的光线，即使光功率一样，人眼感受到的光的强度也不一样。人眼对于 $\lambda_p$ ＝555 nm 的绿光的灵敏度最高，对该值两边波长的光的灵敏度越来越低，如图 4-5 所示。

当 $\lambda_p<380$ nm 或 $\lambda_p>780$ nm 时,即使光源的光能量辐射再强,人眼对它也没有任何光的感觉。例如,在图 4-5 所示的相对视敏函数曲线中,对于 850 nm、880 nm、940 nm 处的红外线,人眼根本看不到。

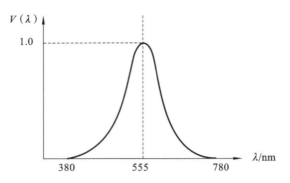

图 4-5　相对视敏函数 $V(\lambda)$ 曲线

国际照明委员会研究推荐了 $V(\lambda)$ 曲线。当 $\lambda_p=555$ nm 时,$V(\lambda)$ 为最大值 1.0;当 $\lambda_p=460$ nm 时,$V(\lambda)=0.06$;当 $\lambda_p=660$ nm 时,$V(\lambda)=0.0608$。

2) 光通量

光通量是按人眼的光感觉来度量光的辐射功率,即光的辐射功率能够被人眼视觉系统所感受到的那部分有效当量,表征的符号为 $\varphi$,国际通用的光通量单位为流明(lm)。

假设单色光的波长为 $\lambda_i$,则其光通量 $\varphi(\lambda_i)$ 就等于它的辐射功率 $P(\lambda_i)$ 与相对视敏函数 $V(\lambda_i)$ 的乘积:

$$\varphi(\lambda_i)=P(\lambda_i)\times V(\lambda_i) \tag{4-1}$$

3) 流明效率

人眼受能见度限制,因此,对于不同的 $\lambda_p$,光有不同的最大流明效率:

$\lambda_p=555$ nm 时,最大流明效率为 683 lm/W;

$\lambda_p=470$ nm 时,$V(\lambda)=0.0913$,最大流明效率为 683 lm/W×0.0913=62.36 lm/W;

$\lambda_p=460$ nm 时,$V(\lambda)=0.06$,最大流明效率为 683 lm/W×0.06=40.98 lm/W;

$\lambda_p=450$ nm 时,$V(\lambda)=0.038$,最大流明效率为 683 lm/W×0.038=25.95 lm/W;

$\lambda_p=660$ nm 时,$V(\lambda)=0.0608$,最大流明效率为 683 lm/W×0.0608=41.53 lm/W;

$\lambda_p=650$ nm 时,$V(\lambda)=0.107$,最大流明效率为 683 lm/W×0.107=73.08 lm/W;

$\lambda_p=620$ nm 时,$V(\lambda)=0.381$,最大流明效率为 683 lm/W×0.381=260.22 lm/W。

不同光源发出的白光,其最大流明效率因人眼能见度不同而不同。一般,中色温区的最大流明效率比较高,而高色温区和低色温区的最大流明效率比较低。因此,对于不同的色温,其流明效率会不一样。

蓝光 LED 激发黄色 YAG 荧光粉形成白光时,虽然辐射出的蓝光能量有损失,但激发出的黄光的最大流明效率比蓝光的要高好几倍,所以人眼感觉到流明效率提高了。

4) 发光强度

假设光源在指定方向上的立体角 $d\Omega$ 内所发出的光通量或所得到光源传输的光通量为 $d\varphi$,两者的商即为发光强度 $I$,简称光强,单位为坎德拉(cd):

$$I=d\varphi/d\Omega \tag{4-2}$$

若光源向空间发射的总光通量为 $\varphi$,因为光源的总立体角度为 $4\pi$,则平均光强 $I_\theta=\varphi/4\pi$。实际上,光强在空间各个方向的分布是不均匀的,空间光强分布的曲线称为配光曲线。

5）亮度

光源发光面上某点的亮度 $L$,等于垂直于给定方向的平面上所得到的发光强度与正投影面积之商,即

$$L=\mathrm{d}I/\mathrm{d}S\cos\theta \tag{4-3}$$

亮度的单位为 $\mathrm{cd/m^2}$。

若光源射来的光线与测量面垂直,则 $\cos\theta=1$。对于理想平面漫反射光源,若光源面积为 $S$,向上空发射的光通量为 $\varphi$,则光强 $I=\varphi/2\pi$(因为向上发射,所以总立体角度为 $2\pi$),亮度为

$$L=I/S=\varphi/(2\pi \cdot S) \tag{4-4}$$

6）照度

光源的照度 $E$ 为光源照射到某一物体表面上的光通量 $\varphi$ 与表面积 $S$ 之商,即

$$E=\varphi/S \tag{4-5}$$

照度的单位为勒克斯(lx),$1\ \mathrm{lx}=1\ \mathrm{lm/m^2}$。

对于点光源,若在某一方向上光强为 $I$,则距离 $r$ 处的照度为

$$E=I/r^2 \tag{4-6}$$

由式(4-6)可知,照度与光源距离的平方成反比。

7）半强度角

半强度角即半值角,就是光源中心法线方向向四周张开,中心光强 $I$ 到周围的 $I/2$ 之间的夹角,如图 4-6 所示。当光源的光强均匀分布时,向法线偏转的周围光强是原来的一半时所夹的角相等;当光强分布不均匀时,夹角就不相等了。

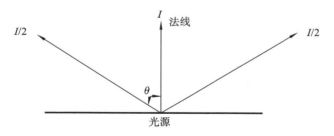

**图 4-6　光源的半强度角**

8）寿命

光衰是指随着 LED 长时间工作而出现的光强或亮度逐渐减弱的现象。一般来讲,结温越高,光衰越快。通常将 LED 的寿命定义为其亮度衰减到初始亮度的 50% 的时间。

## 4.1.3　LED 的热学参数

LED 的热学参数主要指 PN 结的结温。一般,工作在小电流 $I_\mathrm{F}<10\ \mathrm{mA}$,长时间连续点亮 LED,温升不明显。若环境温度较高,$\lambda_\mathrm{p}$ 就会向长波长漂移,亮度也会下降,尤其是大显示屏的温升对 LED 的可靠性、稳定性有较大影响,应专门设计通风装置。

$\lambda_p$ 与温度的关系可表示为

$$\lambda_p(T') = \lambda_0(T_0) + \Delta T_g \times 0.1 \text{ nm/℃} \tag{4-7}$$

由式(4-7)可知,每当结温升高 10 ℃,$\lambda_p$ 向长波长漂移 1 nm,且发光的均匀性、一致性变差。因此,对于要求小型化、密集排列以提高光强、亮度的照明用灯具,应注意使用散热好的灯具外壳或专门的通风设备,以确保 LED 长期工作。

# 4.2 LED 检测相关技术标准

制定 LED 标准的目的是统一行业标准,使 LED 产品的质量得到保证,杜绝市场上的无序竞争。其意义是使 LED 产品的研发有章可循,同时有明确的目标和方向;规范 LED 产品的生产,提高产品质量,让产品的使用更加科学合理;引导行业步入有序、有标准的状态,促进 LED 照明行业健康发展。

## 4.2.1 国际 LED 标准体系

### 1. 国际照明委员会(CIE)标准

由于 LED 光源与其他电光源存在显著差异,所以近些年来,CIE 在积极制定与 LED 相关的标准。CIE 制定的 LED 标准如表 4-1 所示。

表 4-1 CIE 制定的 LED 标准

| 标 准 号 | 标 准 名 称 |
| --- | --- |
| CIE TC1—62 | Color Rendering of White LED Light Sources(白光 LED 的显色性) |
| CIE TC2—45 | Measurement of LEDs(LED 的测量) |
| CIE TC2—46 | CIE/ISO Standard of Measuring the Average Intensity of Light Emitting Diodes (LEDs)(测量 LED 平均发光强度的 CIE/ISO 标准) |
| CIE TC2—50 | Measurement of the Optical Properties of LED Clusters and Arrays(LED 灯串和阵列光学性能的测量) |
| CIE TC6—55 | Photobiological Safety of LEDs(LED 的光生物安全性) |
| CIE TC2—58 | Measurement of LED Radiance and Luminance(LED 辐射和亮度测量) |
| CIE TC1—69 | Color Quality Scale(色度品质指数) |
| CIE TC2—63 | Optical Measurement of High-Power LEDs(大功率 LED 的光学测量) |
| CIE TC2—64 | High Speed Testing Methods for LEDs(LED 的快速测试方法) |

### 2. 国际电工委员会(IEC)标准

国际电工委员会标准主要由三个技术委员会负责制定:TC 34、TC 76 和 CISPR。下面分别对这三个技术委员会及其制定的相关标准进行简要的介绍。

1) TC 34

TC 34 成立于 1948 年,其下设的 SC 34A、SC 34B、SC 34C 和 SC 34D 四个分技术委员会分别负责电灯、灯头和灯座、灯的控制装置、灯具的标准化工作。TC 34 负责这些分技术委员会之间的协调工作,目的是确保上述部件的安全性、可靠性及互换性。

2) TC 76

TC 76 主要负责制定激光基础技术、激光器件和材料、激光设备、发光二极管、激光应用及相关领域的国际标准。此外,TC 76 还负责制定有关由国际非离子辐射防护委员会和国际照明委员会等组织确定的对来自人造光且辐射范围为 100 nm 到 1 mm 的人体暴露限值的应用标准。TC 76 制定的与 LED 照明设备相关的标准如表 4-2 所示。

表 4-2　TC 76 制定的与 LED 照明设备相关的标准

| 标　准　号 | 标　准　名　称 |
|---|---|
| IEC 62471:2006 | 灯和灯系统的光生物安全性 |
| IEC 62471—2:2009 | 灯及灯系统的光生物安全性-第 2 部分:非激光光学辐射安全性的制造要求指南 |

3) CISPR

CISPR 负责频率范围为 9 kHz～400 GHz 的无线电通信设备的产品发射标准的制定,下设 7 个分技术委员会,其中,LED 照明设备应符合的 EMC 标准由 F 分技术委员会制定。

**3. 美国 LED 产品标准**

美国是全球 LED 产业最发达的地区之一,也是我国最大的出口市场。美国在 LED 标准规范制定方面,一直居于世界领先地位,除了目前已经形成的较为完善的安全、电磁兼容等方面的规范外,美国电气制造商协会、北美照明工程协会还针对 LED 光源的特点,制定了有关电气、光度和色度方面的要求及测试方法。此外,美国的"能源之星"计划也在迅速推进有关半导体照明产品的能效标准,以提高其发光效率和相关性能。

美国市场对于半导体照明产品的安全要求主要体现在 LED 模块、控制模块、电源、灯具及相关配件上。其中,UL Subject 8750 针对 LED 模块、控制模块、电源提出了详细的安全要求。此外,电源安全还可参照 UL 1310、UL 1012、UL 60950-1 中的相关规定。UL 1598、UL 1993、UL 1574 等有关传统照明设备的标准则针对半导体照明的终端产品提出了安全规范。

美国不仅注重半导体照明产品的安全要求,而且注重对其光电性能和色度性能进行规范。作为一种新型光源,半导体照明产品在其光电和色品特性上和其他光源有着较大的差异,因此不能完全按照传统光源的标准对其进行考量。为了保证半导体照明产品的质量,促进半导体照明产业的发展,美国电气制造商协会、美国国家标准照明集团和北美照明工程协会都制定了相关标准。其中,美国电气制造商协会和美国国家标准照明集团联合发布了有关固态照明产品的色度规范 ANSI NEMA ANSLG C78.377-2008,该标准已被认可为美国国家标准;北美照明工程协会发布了 IES LM-79-08《固态照明产品电气和光度测量》和 IES LM-80-08《LED 光源光通量维持率的测量》,这两个标准在半导体照明产品的电气和光度测量、光衰测量等方面起着非常重要的作用。

半导体照明产品是一种新型的照明产品,对其能效进行规范是目前世界各国都在努力的重点领域。美国的"能源之星"计划在这方面居于领先地位。尽管"能源之星"是一个自愿性的认证项目,但在美国影响非常广泛,贴上了"能源之星"标签,就标志着产品在能效方面已经获得了美国能源部和美国环保署的认可,消费者可依据该标签选购节能型产品。同时,获得"能源之星"认证的产品还可获得政府的优先采购。因此,对于那些期望在国际市场上更具有竞争力的 LED 企业而言,应该关注并实施 LED 产品的"能源之星"认证。

**4. 欧盟指令及其协调标准**

欧盟是我国半导体照明产品出口的重点市场。半导体照明产品进入欧盟市场,应该主要考虑其强制性要求:低电压指令及其协调标准规定的安全要求、电磁兼容指令及其协调标准规定的电磁兼容要求、RoHS 和 WEEE 指令规定的环保要求,以及 EuP 指令规定的能效要求。此外,半导体照明产品还要按照相应法规所规定的程序进行评定,只有评定合格的半导体照明产品才能贴上 CE 标签,顺利进入欧盟市场。

1)低电压指令

低电压指令 2014/35/EU 对所有进入欧盟市场的低电压产品确立了整体的安全要求,半导体照明产品属于其所定义的低电压产品,因此必须遵循低电压指令的规范。协调标准是欧盟委员会委托欧洲标准化机构制定的技术标准,定期在欧盟官方公报上进行公布。协调标准为设备提供了一种标准的、可重复的、准确的、可接受的评定方法,通常为优先选择的方法。半导体照明产品的协调标准主要由欧洲电工标准化委员会制定。

2)电磁兼容指令

在电磁兼容方面,LED 照明产品必须符合欧盟电磁兼容指令(2014/30/EU)的要求,测试标准依据照明设备的 EMC 标准。与一般的照明设备相同,欧盟对于 LED 照明产品的 EMC 要求分为电磁骚扰、抗扰度、谐波电流和电压波动四个方面。

3)RoHS 和 WEEE 指令

随着世界各国对环境问题越来越重视,RoHS 指令和 WEEE 指令也在不断更新。2011年 7 月 1 日,欧盟议会和欧盟理事会在欧盟官方公报上发布了新版 RoHS 指令 2011/65/EU,新指令已于 2013 年 1 月 3 日正式实施。2012 年 1 月 19 日,欧盟议会投票通过了WEEE 指令修订案,生效后的 WEEE 指令修订案使整个欧盟对电器废弃物有了更严格的控制和更有力的环境保护。

4)EuP 指令

欧盟对于 LED 照明产品的能效要求主要体现在《制定耗能产品生态设计要求的框架指令》(简称 EuP 指令)中。EuP 指令属于新方法指令,满足 EuP 指令要求的产品可以贴上CE 标签在欧盟市场上销售。目前,EuP 指令实施措施确定的生态设计要求主要体现在能效方面,可以说,EuP 指令就是欧盟的最低能源效率要求。

## 4.2.2 中国半导体照明标准体系

LED 产业的迅速发展对标准化工作提出了迫切需要,国际相关标准化组织和一些发达国家都在加大力度开展相关标准的研究和制定工作。我国相关标准化组织也同样开展了大量的标准化工作。2010 年 1 月,9 项半导体照明行业标准的发布标志着我国 LED 产业发展开始进入标准化时期。2011 年 9 月,国家标准化管理委员会公布的 2011 年第一批拟立项国家标准项目中,包括 LED 相关标准 24 项,涉及外延芯片、封装及照明应用等环节。之后,第二批拟立项国家标准项目中,又增加了 2 项。这些国家标准的顺利实施,对规范半导体照明市场,促进产业健康、快速发展起到了积极作用。我国与 LED 照明有关的国家标准如表4-3 所示。

表 4-3　我国与 LED 照明有关的国家标准

| 产品类别 | 安 全 标 准 | 性 能 标 准 |
|---|---|---|
| LED 灯 | GB 24906—2010 普通照明用 50 V 以上自镇流 LED 灯安全要求 | GB/T 24907—2010 道路照明用 LED 灯性能要求；<br>GB/T 24909—2010 装饰照明用 LED 灯 |
| LED 模块 | GB 24819—2009 普通照明用 LED 模块安全要求 | GB/T 24823—2009 普通照明用 LED 模块性能要求；<br>GB/T 24824—2009 普通照明用 LED 模块测试方法 |
| LED 连接器 | GB 19651.3—2008 杂类灯座 第 2-2 部分：LED 模块用连接器的特殊要求 | |
| LED 控制装置 | GB 19510.14—2009 灯的控制装置 第 14 部分：LED 模块用直流或交流电子控制装置的特殊要求 | GB/T 24825—2009 LED 模块用直流或交流电子控制装置性能要求 |

　　将国际标准的制定情况和我国标准的制定情况进行对比，可以看出我国 LED 标准的制定具有以下特点。

　　(1) 我国与 LED 照明有关的标准出台较为缓慢。分析标准出台缓慢的原因，主要有以下几个方面。第一，LED 照明涉及多个领域和行业。LED 属于传统的电子元器件行业，也属于光电行业，而 LED 照明又涉及照明电器行业、光源行业等。由于 LED 横跨了多个行业，因此，在制定标准的权力和责任归属上，需要多方的沟通和协调。第二，我国缺少具有自主知识产权的 LED 龙头企业，同时也缺少具有国际影响力的尖端人才，这给标准的制定带来了一定的困难。第三，我国 LED 产业的核心技术还不够成熟，也给标准的制定带来了一定的困难。

　　(2) LED 产品标准正在逐步完善。LED 芯片、LED 器件标准已基本完善；道路照明用 LED 灯的国家标准已实施，各地方机构都在积极制定地方标准；在 LED 模块、LED 控制装置与 LED 连接器等领域，标准的制定基本上做到了与 IEC 同步；普通照明用产品(如自镇流 LED 灯)的国家标准正在逐步增加。

　　(3) 一些国际组织以及发达国家和地区比较注重对 LED 辐射安全、能效，以及光电、色度测试方法的标准的制定，在这些方面，它们走在我国的前面。

## 4.3　LED 参数测试

　　LED 参数测试主要包括对 LED 光源的电学参数、光度学参数和色度学参数的测量，使用的测试系统主要为 LED 光色电综合测试系统。

### 4.3.1　LED 光色电综合测试系统

　　LED 光色电综合测试系统管理软件配合相应的仪器可实现对 LED 电学参数(正向电

压、反向漏电压、正向电流、反向漏电流、功率)、光度学参数(光通量、光强、辐射通量等)和色度学参数(色坐标、相关色温、主波长、色纯度、峰值波长、半宽度、显色指数等)的远程控制测量、分析和管理,并建立计算机数据管理平台。它既可以分别控制单台仪器,也可以以多机通信的方式同时控制多台仪器,实现系统的数据采集功能。

该系统的主要特点与功能如下。

(1)测量数据准确、便捷、快速,5秒之内可完成测量;

(2)一个文件管理多组测量数据,便于比较、分析测量结果;

(3)提供白光色品分区分级功能及一般参数分级功能,分级功能可自行扩展编辑;

(4)可以导出 Excel 格式文件,并且可以转化为 Word 等通用格式文件。

LED 光色电综合测试系统如图 4-7 所示。该系统的主要设备包括积分球、STC4000 快速光谱仪、LED620 光强分布测试仪。下面分别对以上设备进行介绍。

图 4-7　LED 光色电综合测试系统

**1. 积分球**

积分球的组成部件包括遮光板、LED 电源接口、LED 夹具等。其内部结构如图 4-8 所示。积分球的功能是与快速光谱仪连接,为光度学和色度学参数测量聚集光能。

图 4-8　积分球的内部结构

**2. STC4000 快速光谱仪**

STC4000 快速光谱仪主要由 STC4000 主机、采光适配器、USB 通信线等组成,如图 4-9 所示。

该仪器有四个接口,详述如下。

(1)采光适配器接口。

图 4-9　STC4000 快速光谱仪

（2）光度探头接口：光度测量通道。

（3）触发接口：可以提供触发功能。

（4）USB 接口：通过此接口与计算机相连，通过计算机进行数据分析处理。

STC4000 快速光谱仪的使用方法有很多种，可以单独测试被测试光源的色度学参数，也可以与其他仪器配合使用，测量 LED 的光色电性能参数。

将采光适配器接至 STC4000 快速光谱仪的入光口上并固定，积分球与快速光谱仪之间用采光适配器连接。STC4000 快速光谱仪连接示意图如图 4-10 所示。正确连接系统后，按图 4-11 所示的流程进行操作。

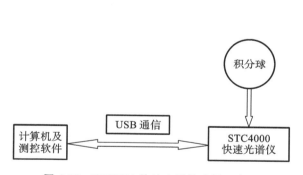

图 4-10　STC4000 快速光谱仪连接示意图

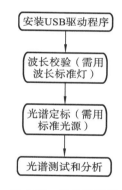

图 4-11　操作流程图

### 3. LED620 光强分布测试仪

LED620 光强分布测试仪是一种 LED 光电性能的自动测试系统，可在 CIE pub. No. 127 条件 A 和条件 B 下进行空间光强分布测试，自动绘制三维光强分布曲线及配光曲线（极坐标或直角坐标），同时实现 LED 正向电性能和反向电性能的分析测量。其主机及内部结构如图 4-12 和图 4-13 所示。图 4-14 所示为 LED620 光强分布测试仪内部结构俯视图，其内部结构包括探测器、消光筒、遮光筒、基准挡板、LED、压板、夹具、灯座等。

LED620 光强分布测试仪由 LED 电性能分析系统、光强分布测试系统两个子系统组成。电性能分析系统的功能是自动测量正向电流、正向电压、反向漏电流、反向电压。光强分布测试系统的功能是按 CIE pub. No. 127 条件 A（远场）或条件 B（近场）测量空间光强分布，自动绘制三维光强分布曲线和配光曲线（极坐标或直角坐标），自动测量光束角和等效光通量。

图 4-12　LED620 光强分布测试仪主机

图 4-13　LED620 光强分布测试仪的内部结构

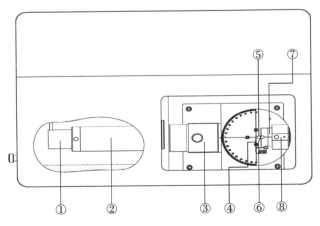

图 4-14　LED620 光强分布测试仪内部结构俯视图

①—探测器；②—消光筒；③—遮光筒；④—基准挡板；⑤—LED；⑥—压板；⑦—夹具；⑧—灯座

测试前要对探测器的位置进行调整，并将 LED 安装到位。

1）探测器位置的调整

LED620 光强分布测试仪可实现 CIE pub. No. 127 条件 A 和条件 B 两种标准测试条件，用户只需调整探测器的位置即可实现不同的测试条件。

（1）CIE pub. No. 127 条件 A：将探测器安装在消光筒上，即可实现 CIE pub. No. 127 条件 A(31.6 cm)的远场测试，如图 4-15(a)所示。

（2）CIE pub. No. 127 条件 B：将消光筒旋下，直接将探测器旋入遮光筒中，即可实现 CIE pub. No. 127 条件 B(10 cm)的近场测试，如图 4-15(b)所示。

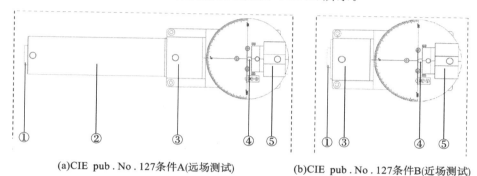

(a)CIE pub. No. 127条件A(远场测试)　　　(b)CIE pub. No. 127条件B(近场测试)

**图 4-15　探测器位置的调整**
①—探测器；②—消光筒；③—遮光筒；④—LED；⑤—灯座

2）LED 的安装

为了保持设备表面整洁和保证 LED 光度测量的准确性，在安装 LED 时，应戴手套进行操作。操作步骤如下。

（1）将 LED 安装在压板上，LED 从压板前面穿入。压板的作用是在安装 LED 时，将 LED 的光学中心置于光轴上。

（2）用螺丝将压板固定在夹具上。

（3）扶住灯座，将 LED 引脚插入灯座的引脚插入孔内。应注意 LED 的极性，不要插反，否则，测试将无法正常进行。

（4）松开灯座一侧的滚花螺钉，翻起基准挡板，调节 LED 的前后位置，使 LED 刚好和基准挡板接触，然后拧紧滚花螺钉，放下基准挡板。

至此，LED 安装完毕，盖上机箱盖就可以进行测试了。

## 4.3.2　使用 LED620 光强分布测试仪测试光电性能参数

LED620 光强分布测试仪可以测量 LED 的光电性能参数，主要包括：①正向电压（设定工作电流）、正向电流、反向击穿电压（设定反向漏电流）和反向漏电流（设定反向电压）；②LED三维光强分布曲线、等效光通量、光束角；③LED 正向电压、光强随正向电流的变化曲线。LED620 主程序窗口如图 4-16 所示。

操作步骤如下。

（1）调整探测器的位置，安装 LED，盖好机箱盖。

（2）启动应用软件，在"文件"菜单下选择"新建"选项，弹出"新建"对话框，如图 4-17 所示。

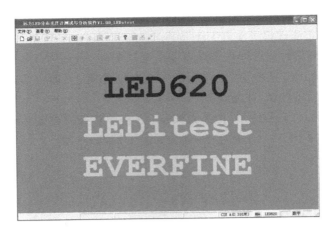

图 4-16　LED620 主程序窗口

（3）选择需测试的项目，单击"确定"按钮，进行相应的测试。

图 4-17　"新建"对话框

**1．LED 光强分布测试**

1）参数设置

选择"LED 光强分布测试"选项，弹出"选项"对话框，如图 4-18 所示。如图 4-18（a）所示，在"光强分布扫描设置"栏中输入相关光强分布扫描测试信息。

（1）通信串行口：选择串行口类型。

（2）间隔角度：设置间隔角度，间隔角度越小，测量结果越准确，但测量时间越长。

（3）角度范围：±10°～±90°。

（4）测试距离：CIE 条件 A 或条件 B。

（5）光强修正 K：一般设为 1。

（6）脱机演示模式：在不连接仪器的情况下，选中此项，可进行演示测试。

如图 4-18（b）所示，在"LED 电性能测试条件"栏中输入相关电参数测试信息。

（1）预热时间：0～9999 ms。

（2）工作电流：0.1～1000.0 mA。

（3）漏电流：在偏置电压为 0～10 V 的范围内测量漏电流。

（4）最大允许输出电压：最大设定值为 10 V。必须输入合适的最大允许输出电压，避免因为电压过高，导致 LED 被烧坏。

（5）外部供电（需定制）：选中此功能，LED 供电电源由外部输入，进行光强分布测试时，电参数为手动输入，电压光强曲线和电性能参数测试功能自动失效。

设置完毕后，单击"确定"按钮，软件主界面中出现四个窗口，分别为"光强分布曲线（极

(a)"光强分布扫描设置"栏　(b)"LED电性能测试条件"栏

**图 4-18　"选项"对话框**

坐标)"窗口、"光强分布曲线(直角坐标)"窗口、"三维光强分布"窗口、"光强分布数据"窗口，如图 4-19 所示。其中，"三维光强分布"窗口有点、线、面三种表示方式，可单击此窗口工具条上的 按钮进行切换。

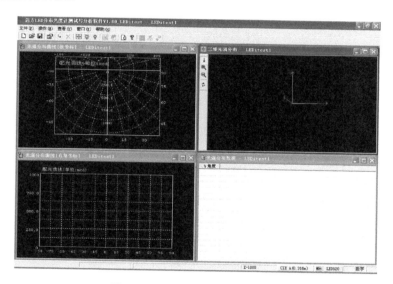

**图 4-19　LED 光强分布测试界面**

2）测试

（1）设置电性能参数：在"操作"菜单下选择"测试"选项，弹出"电性能参数"对话框，如图 4-20 所示。

（2）单击"确定"按钮后，弹出"C 平面角度"（即 LED 绕光轴自转的角度）对话框，如图 4-21 所示。打开机箱盖，手动转动 LED 插座到一定角度，然后在"输入 C 角度"输入框中输入相同的角度，盖上机箱盖。

（3）在"C 平面角度"对话框中，单击"确定"按钮，仪器自动进行光强分布测试。

（4）测试完毕后，极坐标、直角坐标上显示的曲线为最后一次测试的曲线，要看其他平面的曲线图，可在"光强分布数据"窗口点击相应的平面。若要看所有平面的曲线图，可在"查看"菜单下选择"全部显示"选项。

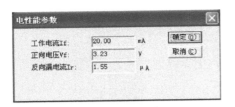

图 4-20 "电性能参数"对话框

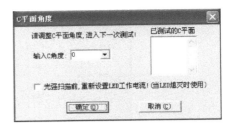

图 4-21 "C 平面角度"对话框

## 2. LED 电压光强曲线

选择"LED 电压光强曲线"选项,弹出图 4-22 所示的界面。

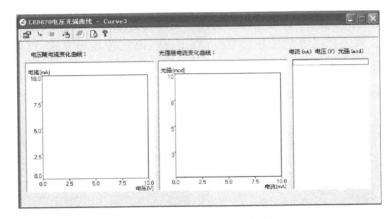

图 4-22 "LED620 电压光强曲线"界面

1)参数设置

在进行测试前,应设定好参数,如最大允许输出电压(选择满足 LED 正向压降的最小电压值)、测试距离、起始电流、终止电流和间隔延时等。单击图 4-22 所示界面工具条上的 📑 按钮,弹出图 4-23 所示的对话框,进行参数设置。

2)转台角度控制

在 LED 电压光强曲线测试中,提供了调整 LED 角度的功能。单击图 4-22 所示界面工具条上的 🔧 按钮,会弹出"转台角度控制"对话框,如图 4-24 所示。

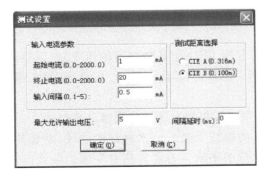

图 4-23 "测试设置"对话框

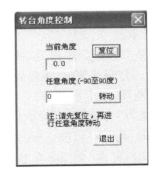

图 4-24 "转台角度控制"对话框

3）测试

设置完毕后,盖上机箱盖,单击"测试"按钮,仪器将进行正向电压、光强随正向电流变化的曲线的测试并实时显示。在测试过程中,单击"停止"按钮,可中止测试。

**3. LED 电性能参数测试**

选择"LED 电性能参数测试"选项,弹出图 4-25 所示的界面。

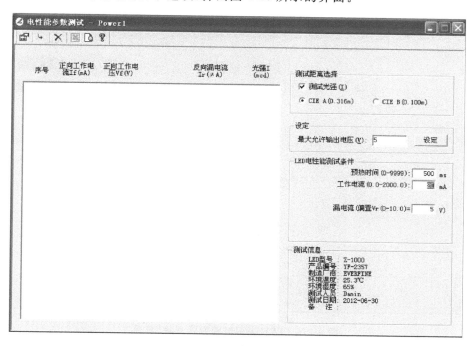

**图 4-25 "电性能参数测试"界面**

1）参数设置

单击图 4-25 所示界面工具条上的 按钮,弹出电参数限值设置对话框,根据实际情况进行电参数限值设置,如图 4-26 所示。

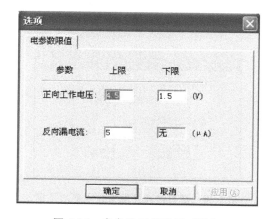

**图 4-26 电参数限值设置对话框**

2）测试

单击"测试"按钮，仪器进入测试状态。

**4. LED 光强变化测试**

选择"LED 光强变化测试"选项，弹出图 4-27 所示的界面。

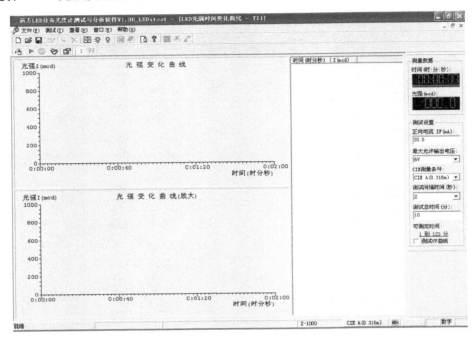

**图 4-27　"LED 光强时间变化曲线"界面**

1）参数设置

根据实际情况设置测试条件，包括正向电流、最大允许输出电压、CIE 测量条件、测试间隔时间和测试总时间。

2）稳定时间判定条件设置

单击图 4-27 所示界面工具条上的  按钮，弹出图 4-28 所示的对话框，进行稳定时间判定条件设置。

**图 4-28　稳定时间判定条件设置对话框**

3）转台角度控制

在 LED 光强变化测试中，提供了调整 LED 角度的功能。单击图 4-27 所示界面工具条

上的 按钮,会弹出"转台角度控制"对话框。

4）测试

设置完毕后,盖上机箱盖,单击"测试"按钮,仪器将进行光强随时间变化的曲线的测试并实时显示。

LED620 光强分布测试仪测试报告如图 4-29 所示。

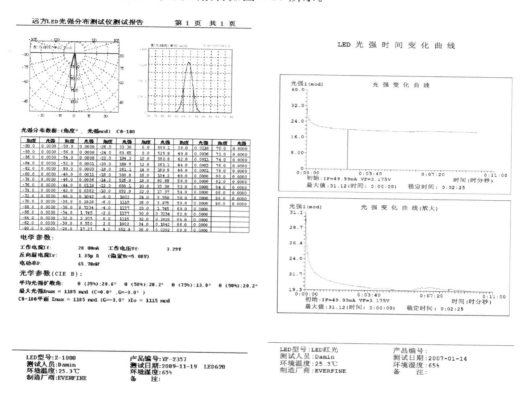

图 4-29　LED620 光强分布测试仪测试报告

## 4.3.3　使用 LED 光色电分析测试系统测试光色电性能参数

打开 LED 光色电分析测试系统软件,弹出"测量模式"对话框(见图 4-30),选择"常规测量模式"选项,进入图 4-31 所示的界面,选择"脉冲测量模式"选项,进入图 4-32 所示的界面。

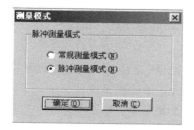

图 4-30　"测量模式"对话框

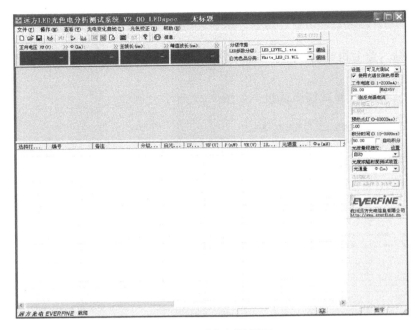

图 4-31　常规测量界面

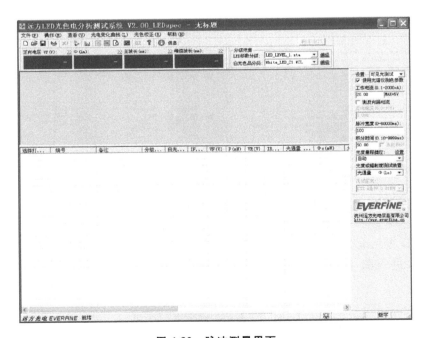

图 4-32　脉冲测量界面

在"操作"菜单下选择"系统设置"选项,弹出"系统设置"对话框(见图 4-33)。

(1) 主机类型(供电):选择所连接的主机类型。

(2) 主机串行口:设置对应仪器的串行口。

(3) 光谱仪类型:选择光谱仪类型。

图 4-33　"系统设置"对话框

测试前需对快速光谱仪进行波长校正与校验、光谱与光通量定标。

**1. 波长校正与校验**

（1）进入波长校正与校验界面，如图 4-34 所示。

（2）用盖子将积分球上的取样孔盖住，单击"关灯校零"按钮。

（3）按要求点亮 HG101 波长标准灯（汞灯），将标准灯出光孔对准积分球取样孔。

（4）单击"波长校验"按钮，观察光电流值，通过改变积分时间，使测得的光电流值尽量大但不溢出，谱线要尽量清晰。

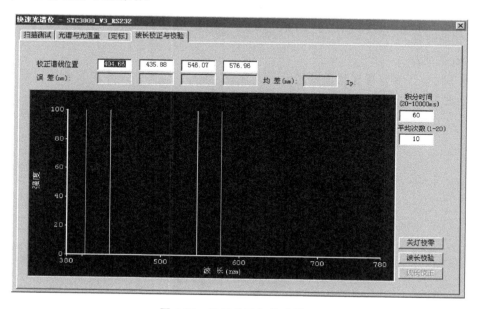

图 4-34　波长校正与校验界面

**2. 光谱与光通量定标**

（1）进入光谱与光通量定标界面，如图 4-35 所示。

（2）输入标准值，在积分球中安装标准灯。对照标准灯参数，输入标准灯色温、定标光通量、标准灯电流。为确保标准灯安全,应在"最大电压"输入框中输入合适电压。

(3)光谱定标。单击"开灯"按钮,然后单击"快速定标"按钮,按照提示操作,待标准灯稳定后(一般不少于 5 分钟),观察所测得的光电流值,如果光电流峰值在 40 000～60 000 mA 范围内,单击"停止采样"和"保存定标数据"按钮,完成定标操作。

(4)关标准灯。单击"关灯"按钮,等标准灯冷却后,从积分球中取出标准灯。

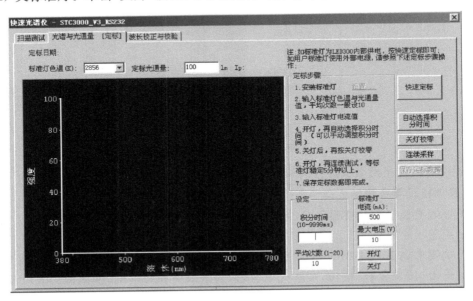

图 4-35　光谱与光通量定标界面

### 3. 快速测量

1)测量设置

图 4-36(a)所示为常规测量模式设置界面,图 4-36(b)所示为脉冲测量模式设置界面,两者的主要区别在于"预热点灯"和"脉冲宽度"设置。

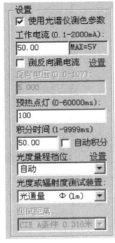　

(a)常规测量模式设置界面　　(b)脉冲测量模式设置界面

图 4-36　测量设置界面

①测试类型:设置为可见光测试即可。

②使用光谱仪测色参数:配有快速光谱仪,选择该项,可测试光谱。

③工作电流:输入测试 LED 光色参数时的工作电流。

④测反向漏电流:选择则测试,不选择则不测试。

⑤反向电压:输入测试反向漏电流时的反向电压。单击"测反向漏电流"旁的"设置",进入"反向电压测试"对话框(见图 4-37),设置是否测试反向电压及测试反向电压时的反向电流值。

**图 4-37　"反向电压测试"对话框**

⑥预热点灯(见图 4-36(a)):常规测试时,LED 由灭到亮,预热一定时间后,才能进行电参数及光色参数的测量。

⑦脉冲宽度(见图 4-36(b)):脉冲宽度比积分时间至少多 5 ms。

⑧积分时间:积分时间是测试 LED 光信号的时间,此时间的设定依据是光信号强,积分时间短,完成测试快;光信号弱,积分时间长,完成测试慢。一般可选择"自动积分",让软件自动判定及选择合适的积分时间来完成测试,也可以在第一次测试时选择"自动积分",让软件自动选择合适的积分时间,然后锁定积分时间继续测试。

⑨光度量程挡位:一般设置为自动即可。

⑩光度或辐射度测试装置:只有在进行测试前才可以选择。一般,如果用户配积分球进行测试,则选择光通量。如果配有光强测试装置,则选择光强。

2)快速测试

按"F2"键,可以进入快速测试状态。

3)启动一次测试

按"F3"键,启动一次测试,如果测试成功,会在主窗口左侧列出测量结果。

完成一次测试后,可修改测试条件再测试或更换一只 LED 再测试。

**4. LED 特性曲线测试**

在"操作"菜单下选择"LED 特性曲线"选项,会弹出图 4-38 所示的测试窗口。测试前应在窗口左侧的设置栏里设置好测试条件,然后单击"开始"按钮,仪器自动按设置的条件进行测试,测试完毕后,可浏览各测试参数和正向电流之间的关系曲线,以及各测试点的数据列表等。

**5. 光电变化曲线**

在"光电变化曲线"菜单下选择"测试"选项,会弹出图 4-39 所示的测试窗口。

测试前应在设置栏里设置好测试条件,如电流、测试总时间、参数显示选择等,然后单击"测试"按钮,仪器自动按设置的条件进行测试。测试数据可以保存、打印,还可以导出 Excel 格式文件。

图 4-40 所示为 LED 特性曲线测试报告和光源光谱测试报告。

**6. 白光 LED 的分级**

LED 光色电分析测试系统可对白光 LED 进行分级。

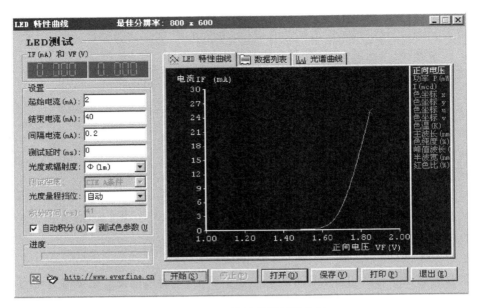

图 4-38　LED 特性曲线测试窗口

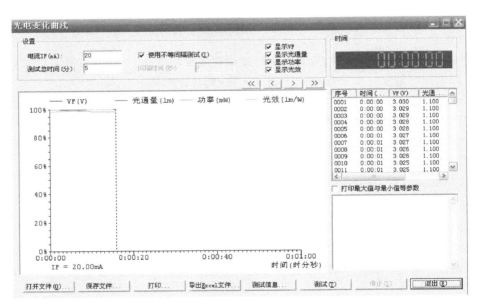

图 4-39　光电变化曲线测试窗口

1）选择 LED 分级依据

主界面的右上角有"分级依据"选项，如图 4-41 所示。"LED 参数分级"是通用参数的分级选项，"白光色品分类"是专门针对白光 LED 色坐标进行的一种分级选择。选择分级依据后，相应的主界面左侧数据列表中，将按新的分级依据列出分级结果。

2）LED 参数分级编辑

单击分级选项右侧的箭头，可以对该分级选项进行编辑。

"LED 参数分级编辑"对话框如图 4-42 所示。单击"添加参数"按钮，可选择需进行分

LED 特 性 曲 线 测 试 报 告

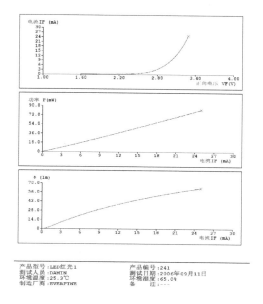

光 源 光 谱 测 试 报 告

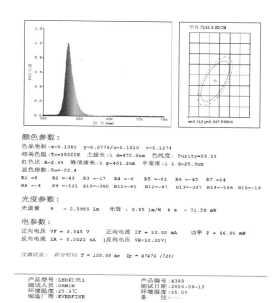

产品型号 :LED红光1
测试人员 :DAMIN
环境温度 :25.3℃
制造厂商 :EVERFINE

产品编号 :241
测试日期 :2006年09月11日
环境湿度 :65.0%
备　　注 :---

颜色参数:
色品坐标 :x=0.1380　y=0.0776/u=0.1510　v=0.1274
相关色温 :Tc=25000K　主波长 :λ d=470.2nm　色纯度 :Purity=93.1%
红色比 :R=2.4%　略值波长 :λ p=461.2nm　半宽度 :△ λ d=25.9nm
显色指数 :Ra=-22.4
R1 =0　　R2 =-49　R3 =-17　R4 =-6　R5 =-81　R6 =-45　R7 =14
R8 =-4　　R9 =-121　R10=-360　R11=-81　R12=-87　R13=-227　R14=-166　R15=-19

光度参数:
光通量　Φ　= 0.5985 lm　光效 : 8.95 lm/W　Φ e = 71.50 mW

电参数:
正向电压 VF = 3.345 V　正向电流 IF = 20.00 mA　功率 P = 66.90 mW
反向电流 IR = 0.0021 uA (反向电压 VR=10.01V)

仪器状态 :　积分时间 T = 100.00 ms　Ip = 47476 (72%)

产品型号 :LED红光1
测试人员 :DAMIN
环境温度 :25.3℃
制造厂商 :EVERFINE

产品编号 :4389
测试日期 :2006-09-13
环境湿度 :65.0%
备　　注 :---

**图 4-40　LED 特性曲线测试报告和光源光谱测试报告**

**图 4-41　"分级依据"选项**

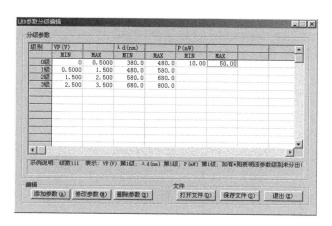

**图 4-42　"LED 参数分级编辑"对话框**

级的参数,如选择"VF(V)",单击"确定"按钮后,弹出图 4-43 所示的对话框。在"该参数分级"中根据需要设置分级的级数,如需分为 4 级,则输入"4",在对话框左侧会列出第 0 级、第 1 级、第 2 级、第 3 级。选择任意一级,对该级的最大值、最小值进行设定,每一级设定完成后,都需单击"修改"按钮才能保存。待所有数据都设定完后,单击"确定"按钮,分级参数就

图 4-43 "快速分级"对话框

会显示在列表中,如图 4-42 所示。若需对本次的参数分级进行保存,则单击"保存文件"按钮,输入文件名,选择保存路径后保存,下次使用时单击"打开文件"按钮直接调用即可。

3)白光色品分类编辑

"白光色品分类"对话框如图 4-44 所示,单击左侧的"添加(A)"按钮,输入名称单击"确定"按钮后,再单击右侧的"添加(T)"按钮,根据需要添加色坐标,坐标值需按顺时针或逆时针方向输入,不能交叉输入,输入完毕后,软件会根据坐标值形成

一个封闭的区域,如图4-45所示。白光色品分类编辑完成后,可单击"保存文件"按钮保存,下次使用时直接调用即可。对 LED 进行测试后,软件会根据白光色品分类来显示该 LED 的色坐标处于哪一个区域,若显示"OUT",则表示不处于任何一个区域。

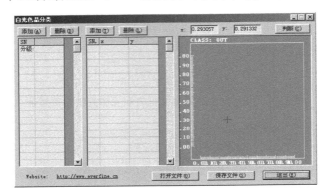

图 4-44 "白光色品分类"对话框

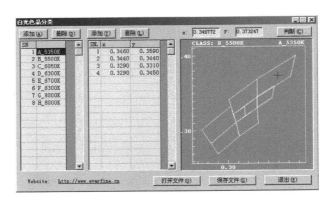

图 4-45 白光色品分类结果

# 下篇　LED 的应用

# 第 5 章　LED应用技术

近些年来,LED 应用市场越来越广阔,其应用领域已经从最简单的电气指示灯、LED 显示屏发展到了 LED 背光源、景观照明、室内装饰、汽车照明等领域。这里主要从以下三个方面来介绍 LED 应用方面的技术。

(1) LED 驱动电路基础。

(2) LED 驱动电路设计实例。

(3) LED 二次光学设计。

## 5.1　LED 驱动电路基础

为了满足不同的输入电压、不同的输出电流及不同的 LED 数量等要求,不同的 LED 产品及应用领域需要采用不同的 LED 驱动电路。驱动电路需要具有稳定输出或可编程恒流输出的特点,其驱动方式一般使用恒定电流源和恒定电压源进行控制。

### 5.1.1　LED 器件的驱动要求

LED 器件的驱动电路作为为 LED 供电的特殊电源,可驱动单个 LED 器件,并可根据需要,驱动串联、并联或串/并联的多个 LED 器件。对驱动电路的要求如下。

(1) 高可靠性。例如 LED 路灯的驱动电源,装在高空,维修不方便,维修的费用也高,所以驱动电路应当具有高可靠性。

(2) 高效率。LED 是节能产品,驱动电源的效率要高,对于驱动电源安装在灯具内的结构,这一点尤为重要。因为 LED 的发光效率随着 LED 温度的升高而下降,所以 LED 的散热非常重要。驱动电源的效率高,它的功率耗损就小,在灯具内散发的热量就少,也就降低了灯具的温升,这对延缓 LED 的光衰非常有利。

(3) 高功率因数。

(4) 多路恒流输出供电。这种供电方式,组合灵活,一路 LED 出现故障,不影响其他 LED 工作,但是成本较高。

(5) 浪涌保护。LED 抗浪涌的能力是比较差的,特别是抗反向电压能力较差,因此,加强这方面的保护非常重要。有些 LED 灯装在户外,如 LED 路灯,由于电网负载的启甩和雷击的感应,电网系统中会有各种浪涌侵人,有些浪涌会导致 LED 损坏。因此,LED 驱动电源要有抑制浪涌侵入,保护 LED 不被损坏的能力。

(6)保护功能。除了常规的保护功能外,最好在恒流输出中增加 LED 温度负反馈功能,防止 LED 温度过高。

(7)LED 驱动电源的使用寿命要与 LED 的使用寿命相匹配。

(8)符合安规和电磁兼容的要求。

### 5.1.2 LED 恒定电流式驱动电路

LED 的亮度是由通过 LED 芯片的电流的大小决定的。一般小功率的 LED,工作电流都是 20 mA,但是要根据 LED 的伏安特性来确定其工作电流。当输入电流为 15～20 mA 时,对 LED 的亮度影响不明显。一般情况下,在选择恒定电流驱动方式时,不一定要选择最大的 20 mA,选择 17～18 mA,可以有效延长 LED 的使用寿命。

如图 5-1 所示,$V_R$ 供应 20 mA 的恒定电流,流经 $D_1$、$D_2$、$D_3$ 三只串联的 LED。由于恒定电流可能会在 20 mA 左右波动,所以电流可能会大于 20 mA,过大的电流会影响 LED 的发光效率和使用寿命。将恒定电流源的输出电流设置为 17～18 mA,不仅不会对亮度产生影响,而且能够在一定程度上提高 LED 的发光效率,延长 LED 的使用寿命。

如图 5-2 所示,$V_R$ 供应 60 mA 的恒定电流,但通过 $D_1$、$D_2$、$D_3$ 的电流都不是恒定的,要根据三只 LED 的正向电压和伏安特性来判断具体的电流大小。如果三只 LED 的伏安特性一样,就有可能保证流经每只 LED 的电流都是 20 mA。如果三只 LED 的伏安特性不一样,流经每只 LED 的电流就各不相同,并且随着工作时间越来越长,流经三只 LED 的电流的差异有可能越来越大,最终导致 LED 器件损坏。因此,在采用恒定电流式驱动电路的时候,多个 LED 串联更有利于 LED 器件的使用。

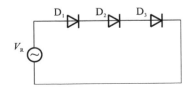

**图 5-1　LED 串联的恒定电流式驱动电路**

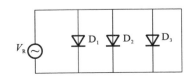

**图 5-2　LED 并联的恒定电流式驱动电路**

### 5.1.3 LED 恒定电压式驱动电路

如图 5-3 所示,在 LED 串联的恒定电压式驱动电路中,$V_{CC}$ 提供恒定的电压输出,当 $D_1$、$D_2$、$D_3$ 串联工作时,刚开始 $D_1$、$D_2$、$D_3$ 的正向电压均会下降,每只大概下降 0.3 V。如果不串联一个电阻,三只 LED 的电压将下降 0.9 V 左右,这会使得流经 LED 的电流增大,有可能超过 20 mA。此时,LED 的 PN 结会发热,LED 的温度会升高,会使发光效率和使用寿命受到影响。在串联一个电阻之后,可以控制电流不会增大过多,从而可以确保不会因为电流增大过多而使得 LED 温度升高并损坏。

如图 5-4 所示,在 LED 并联的恒定电压式驱动电路中,$V_{CC}$ 提供恒定的电压输出,$D_1$、$D_2$、$D_3$ 并联工作。当某一只 LED 因品质不良而导致断路时,驱动器的输出电流将减小,但不影响其他 LED 正常工作。而采用 LED 串联的恒定电压式驱动电路时,当某一只 LED 因品质不良而导致断路时,其他 LED 将无法正常工作,从而会影响整个电路的运行。所以采用恒定电压式驱动电路时,更适宜采用并联电路。

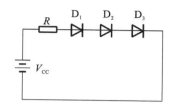

图 5-3　LED 串联的恒定电压式驱动电路

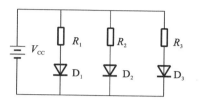

图 5-4　LED 并联的恒定电压式驱动电路

## 5.1.4　LED 混联驱动电路

在需要使用比较多的 LED 时,如果将所有的 LED 串联,将需要 LED 驱动器输出较高的电压;如果将所有的 LED 并联,则需要 LED 驱动器输出较大的电流。将所有的 LED 串联或并联,不但限制 LED 的数量,而且并联 LED 负载电流较大,驱动电路的成本会增加。采用混联的方式能在使用更多 LED 的情况下降低驱动电路的成本。如图 5-5 所示,串、并联的 LED 数量平均分配,因此,分配在每个 LED 串联支路上的电压相同,同一个串联支路中流经每一只 LED 的电流也相同,亮度一致,且采用伏安特性相近的 LED 时,通过每一个串联支路的电流也相近。

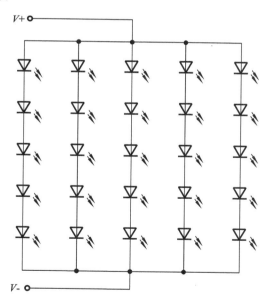

图 5-5　LED 混联驱动电路

当某一串联支路上有一只 LED 因品质不良而短路时,不管采用恒定电压式驱动方式还是采用恒定电流式驱动方式,通过该串联支路的电流都将增大,很容易损坏该串联支路中的 LED,多表现为断路。断开一个 LED 串联支路后,如果采用的是恒定电压式驱动方式,驱动器的输出电流将减小,而不影响余下所有的 LED 正常工作。如果采用的是恒定电流式驱动方式,由于驱动器的输出电流恒定,分配在余下的 LED 中的电流将增大,容易损坏余下的 LED。解决办法是尽量多并联 LED,这样当断开某一个 LED 串联支路时,分配在余下的 LED 中的电流变化不大,将不会影响余下的 LED 正常工作。

这种先串联后并联的线路的优点是,线路简单,亮度稳定,可靠性高,并且对单个 LED 器件的一致性要求较低,不需要特别挑选器件,即使个别 LED 单管失效,对整个发光组件的影响也较小。在工作环境因素变化较大的情况下,使用这种连接形式的发光组件效果较为理想。

混联方式还有另外一种接法,即将 LED 平均分配后分组并联,再将每组串联在一起。先并联后串联的混联驱动电路构成的发光组件的问题主要是在单组并联 LED 中,由于器件和使用条件的差别,单组中个别 LED 芯片可能丧失 PN 结特性,出现短路。个别器件短路会使得其他 LED 器件失去工作电流,从而导致整组 LED 熄灭,总电流全部从短路器件中通过,而较长时间的短路电流又会使器件内部的键合金属丝或其他部分烧毁。这时,未失效的 LED 重新获得电流,恢复正常发光。这一过程解释的就是这种混联驱动电路的发光组件出现一组中几只 LED 一起熄灭,一段时间后除了其中一只 LED 不亮外,其他 LED 又恢复正常发光的原因。

通过以上分析可知,驱动器与负载 LED 串/并联方式的搭配选择是非常重要的,以恒定电流方式驱动功率型 LED 时,不适合采用并联负载,恒定电压式 LED 驱动器不适合采用串联负载。

## 5.1.5  LED 交叉阵列形式的驱动电路

LED 交叉阵列形式的驱动电路如图 5-6 所示,每串以 3 只 LED 为一组,共同电流输入来源于 a、b、c、d、e,输出也同样分别连接至 a、b、c、d、e,构成交叉阵列。采用交叉阵列形式的目的是,即使个别 LED 开路或者短路,也不会造成发光组件整体失效。

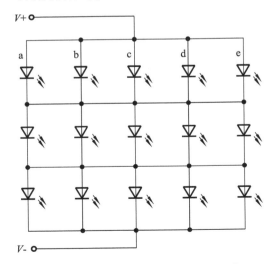

图 5-6  LED 交叉阵列形式的驱动电路

## 5.2　LED 驱动电路设计实例

### 5.2.1　16×16 LED 点阵驱动电路设计实例

该设计实例可实现对 16×16 LED 点阵的驱动,利用 LED 点阵显示汉字。

**1. 8×8 点阵 LED 检测**

16×16 点阵 LED 显示屏由四个 8×8 点阵 LED 元件组成,8×8 点阵 LED 元件引脚没有任何标识,因此,在使用前必须进行引脚测试,以确定行线、列线及极性。其检测电路如图 5-7 所示。

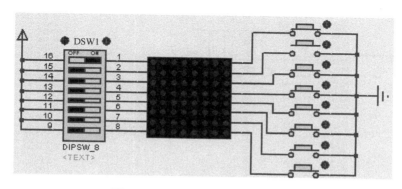

图 5-7　行线、列线及极性检测电路

**2. 汉字编码及字模点阵**

图 5-8 描述了"你"这个汉字,并按照亮为 1,不亮为 0 的原理,将该字按二进制码描述为一系列的位代码。后面所显示的字模信息是按照 16 进制的格式和横排编码方式进行编码的,横排从左到右按行编码。可采用字模提取软件来进行编码。

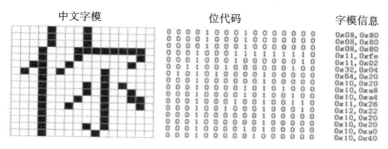

图 5-8　"你"字编码字模

**3. 16×16 点阵 LED 显示电路**

16×16 点阵 LED 显示电路如图 5-9 所示。

1）驱动芯片介绍

该电路使用四个 8×8 点阵 LED、两个 74HC595 移位寄存器和两个 74LS138 译码器实现。

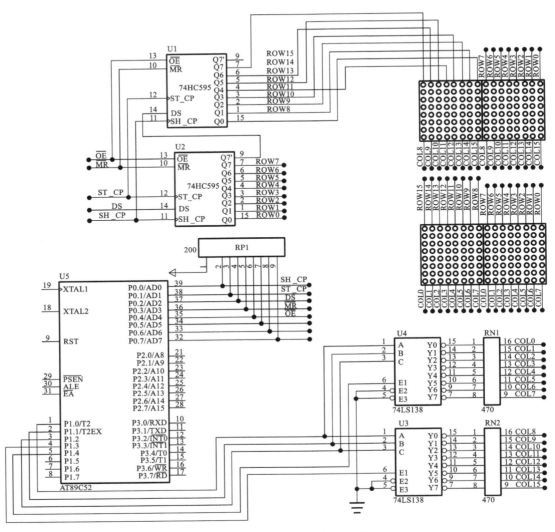

图 5-9  16×16 点阵 LED 显示电路

(1) 74HC595:74HC595 为 8 位串行输入/输出或者并行输出移位寄存器,具有三态输出功能。其引脚如图 5-10 所示,引脚说明如表 5-1 所示,功能如表 5-2 所示。

表 5-1  74HC595 引脚说明

| 符　号 | 引　脚 | 名　称 | 描　述 |
|---|---|---|---|
| SH_CP | 11 | 移位寄存器时钟输入 | 上升沿时移位寄存器数据移位,下降沿时移位寄存器数据不变 |
| ST_CP | 12 | 存储寄存器时钟输入 | 上升沿时移位寄存器数据进入存储寄存器,下降沿时存储寄存器数据不变 |
| $\overline{OE}$ | 13 | 使能输入 | 低电平时存储寄存器数据输出到总线 |
| $\overline{MR}$ | 10 | 移位寄存器数据清零 | 低电平时将移位寄存器数据清零 |

续表

| 符　号 | 引　　脚 | 名　称 | 描　述 |
|---|---|---|---|
| DS | 14 | 串行数据移位输入 | |
| Q0～Q7 | 15、1～7 | 8 位并行数据输出 | |
| Q7′ | 9 | 级联输出 | |
| VCC、GND | 16、8 | 电源、地 | |

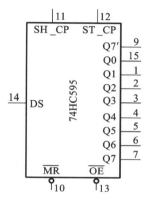

图 5-10　74HC595 的引脚

表 5-2　74HC595 的功能

| 输　入　端 | | | | | 输　出　端 | | 功　能 |
|---|---|---|---|---|---|---|---|
| SH_CP | ST_CP | $\overline{OE}$ | $\overline{MR}$ | DS | Q7′ | Q0～Q7 | |
| × | × | L | L | × | L | NC | $\overline{MR}$ 为低电平时，仅仅影响移位寄存器 |
| × | ↑ | L | L | × | L | L | 空移位寄存器到输出寄存器 |
| × | × | H | L | × | L | Z | 清空移位寄存器，并行输出为高阻态 |
| ↑ | × | L | H | H | Q6 | NC | 逻辑高电平时，移入移位寄存器状态 0，包含所有的移位寄存器状态移入 |

注：H—高电平，L—低电平，↑—上升沿，Z—高阻态，NC—无变化，×—无关系。

（2）74LS138：3～8 线译码器，其引脚如图 5-11 所示，功能如表 5-3 所示。

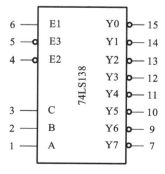

图 5-11　74LS138 的引脚

表 5-3  74LS138 的功能

| 片　选　端 | | | 译码地址端 | | | 译码输出端 | | | | | | | |
|---|---|---|---|---|---|---|---|---|---|---|---|---|---|
| E1 | E2 | E3 | C | B | A | Y0 | Y1 | Y2 | Y3 | Y4 | Y5 | Y6 | Y7 |
| H | × | × | × | × | × | H | H | H | H | H | H | H | H |
| × | H | × | × | × | × | H | H | H | H | H | H | H | H |
| × | × | L | × | × | × | H | H | H | H | H | H | H | H |
| L | L | H | L | L | L | L | H | H | H | H | H | H | H |
| L | L | H | L | L | H | H | L | H | H | H | H | H | H |
| L | L | H | L | H | L | H | H | L | H | H | H | H | H |
| L | L | H | L | H | H | H | H | H | L | H | H | H | H |
| L | L | H | H | L | L | H | H | H | H | L | H | H | H |
| L | L | H | H | L | H | H | H | H | H | H | L | H | H |
| L | L | H | H | H | L | H | H | H | H | H | H | L | H |
| L | L | H | H | H | H | H | H | H | H | H | H | H | L |

注：H—高电平，L—低电平，×—无关系。

74LS138 的八个译码输出端，任何时刻要么全为高电平，芯片处于不工作状态，要么只有一个为低电平，其余七个全为高电平。当一个片选端为高电平，另外两个片选端为低电平时，可将译码地址端（A、B、C）的二进制编码在一个对应的输出端以低电平译出。

2）行数据输出电路

16×16 点阵 LED 共 16 行，行数据输出电路由两个 74LS138 译码器构成。由于字模以字节为单位，故每行分为两个字节与之对应，实现每行 16 位输出。

74LS138 译码地址端（C、B、A）分别接 P1.2、P1.1、P1.0，U3 和 U4 的两个片选端（E2和 E3）均接地，U3 的片选端 E1 和 U4 的片选端 E1 分别接 P1.3、P1.4，P1.3、P1.4 控制U3、U4 的片选信号。行数据输出真值表如表 5-4 所示。

表 5-4  行数据输出真值表

| 行　选　码 | U4 P1.4 E1 | U3 P1.3 E1 | U4 | | | | U3 | | | | 行 |
|---|---|---|---|---|---|---|---|---|---|---|---|
| | | | P1.2 C | P1.1 B | P1.0 A | Y7～Y0 | P1.2 C | P1.1 B | P1.0 A | Y7～Y0 | |
| 0xef＝11101111 | 0 | 1 | 1 | 1 | 1 | 01111111 | 1 | 1 | 1 | 11111111 | 15 |
| 0xee＝11101110 | 0 | 1 | 1 | 1 | 0 | 10111111 | 1 | 1 | 1 | 11111111 | 14 |
| 0xed＝11101101 | 0 | 1 | 1 | 0 | 1 | 11011111 | 1 | 0 | 1 | 11111111 | 13 |
| 0xec＝11101100 | 0 | 1 | 1 | 0 | 0 | 11101111 | 1 | 0 | 0 | 11111111 | 12 |
| 0xeb＝11101011 | 0 | 1 | 0 | 1 | 1 | 11110111 | 0 | 1 | 1 | 11111111 | 11 |
| 0xea＝11101010 | 0 | 1 | 0 | 1 | 0 | 11111011 | 0 | 1 | 0 | 11111111 | 10 |
| 0xe9＝11101001 | 0 | 1 | 0 | 0 | 1 | 11111101 | 0 | 0 | 1 | 11111111 | 9 |
| 0xe8＝11101000 | 0 | 1 | 0 | 0 | 0 | 11111110 | 0 | 0 | 0 | 11111111 | 8 |

续表

| 行　选　码 | U4 P1.4 E1 | U3 P1.3 E1 | U4 P1.2 C | U4 P1.1 B | U4 P1.0 A | U4 Y7～Y0 | U3 P1.2 C | U3 P1.1 B | U3 P1.0 A | U3 Y7～Y0 | 行 |
|---|---|---|---|---|---|---|---|---|---|---|---|
| 0xf7＝11100111 | 1 | 0 | 1 | 1 | 1 | 11111111 | 1 | 1 | 1 | 01111111 | 7 |
| 0xf6＝11100110 | 1 | 0 | 1 | 1 | 0 | 11111111 | 1 | 1 | 0 | 10111111 | 6 |
| 0xf5＝11100101 | 1 | 0 | 1 | 0 | 1 | 11111111 | 1 | 0 | 1 | 11011111 | 5 |
| 0xf4＝11100100 | 1 | 0 | 1 | 0 | 0 | 11111111 | 1 | 0 | 0 | 11101111 | 4 |
| 0xf3＝11100011 | 1 | 0 | 0 | 1 | 1 | 11111111 | 0 | 1 | 1 | 11110111 | 3 |
| 0xf2＝11100010 | 1 | 0 | 0 | 1 | 0 | 11111111 | 0 | 1 | 0 | 11111011 | 2 |
| 0xf1＝11100001 | 1 | 0 | 0 | 0 | 1 | 11111111 | 0 | 0 | 1 | 11111101 | 1 |
| 0xf0＝11100000 | 1 | 0 | 0 | 0 | 0 | 11111111 | 0 | 0 | 0 | 11111110 | 0 |

3）列数据输出电路

16×16 点阵 LED 共 16 列,列数据输出电路由两个 74HC595 移位寄存器构成,实现每列 16 位输出。单片机程序将并行数据转换为串行数据输出,而列数据输出电路将串行数据转换为并行数据输出。

P0.0 接 74HC595 的 SH_CP(11 脚),P0.1 接 ST_CP(12 脚),P0.2 接 DS(14 脚),串行数据由 DS 在 SH_CP 的上升沿输入移位寄存器,在 ST_CP 的上升沿,移位寄存器数据进入存储寄存器中。P0.4 接 74HC595 的 $\overline{OE}$(13 脚)。低电平时,存储寄存器数据输出到总线。

4）显示电路程序设计示例

```
#include <AT89X52.H>
unsigned char colxuan[16]={0xef,0xee,0xed,0xec,0xeb,0xea,0xe9,0xe8,0xf7,0xf6,
0xf5,0xf4,0xf3,0xf2,0xf1,0xf0};// 15→0 行选码
unsigned char dotxuan1[32]={0x10,0x04,0x10,0x84,0x10,0x84,0x10,0x84,0x10,0x84,
0x10,0x84,0x10,0x84,0x10,0x84,0x10,0x84,0x10,0x84,0x10,0x84,0x10,0x84,0x10,
0x84,0x20,0x84,0x20,0x04,0x40,0x00};//"川"字编码及字模点阵,作列选码
unsigned char andd[8]={0x80,0x40,0x20,0x10,0x08,0x04,0x02,0x01};
sbit SHCP=P0^0; //单片机接线定义变量
sbit STCP=P0^1;
sbit DS=P0^2;
sbit MR=P0^3;
sbit OE=P0^4;
void gc();
void delay(unsigned int m);
void main()
{MR=0;
    while(1)
    {gc();
        }
```

```
}
void gc();
{unsigned int i,j,k;
  unsigned char v;
  bit cc=0;
  OE=0;
  for(k=0;k<16;k++) // k 循环为行扫描
  {MR=1;
    P1=colxuan[k]; //输出行选码
    for(i=0;i<2;i++)//每行字模输出以字节为单位,第 k 行字模两字节由 i=0 和 1 区分
    {v=dotxuan1[2*k+i]; //取当前行字模,当前字模由数组下标决定
        for(j=0;j<8;j++) //8 位字模并行数据转换为 8 位串行数据输出
        {STCP=0;//脉冲低电平
          SHCP=0;
          cc=0;
          if((v&andd[j])!=0)// 屏蔽其他位,取串行数据当前位
            cc=1;
          DS=cc;//字模串行输出
          SHCP=1; //脉冲高电平,产生脉冲上升沿,控制 74HC595 移位寄存器数据移位
          STCP=1; //脉冲高电平,产生脉冲上升沿,控制 74HC595 移位寄存器数据移位到输
出寄存器
        }
    }
    delay(20);
    MR=0;
  }
}
void delay(unsigned int m);
{while(--m);
}
```

## 5.2.2  4 位 7 段 LED 显示驱动器设计实例

这里讨论的 LED 显示方案是利用 PHILIPS 公司的 LPC 系列单片机芯片的电路特性,采用另一种形式来定制专用的 LED 显示驱动器芯片,主要利用基于 $I^2C$ 总线的通信接口,使连接可靠,且基于软件编程控制显示,使显示方式及种类多样。由于 LPC 系列芯片端口的驱动能力较强,一般的 LED 可直接连接,在不外加元件的情况下,可实现多位 LED 或大量发光二极管的显示,与其他芯片连接时,占用的 I/O 端口较少。

4 位 LED 显示器如图 5-12 所示,其内部由多只发光二极管构成,按连接方式不同可分为共阳极 LED 与共阴极 LED。其电路特性基本一致:发光二极管的导通压降为 1.2～1.8 V,正向工作电流为 2～15 mA。在显示驱动方式方面,采用动态扫描,当扫描到 n1～n4 公共端时,LED 驱动器分别对应输出 a～dp 的显示段。在定制的 LED 显示驱动器芯片中,

LPC 系列中的 P87LPC762 单片机芯片具有较好的端口设置与较强的内部功能,因此可以通过编程设置其引脚功能将其作为 LED 显示器的驱动芯片。

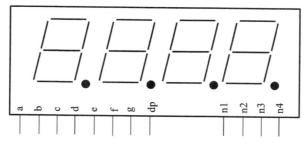

图 5-12　4 位 LED 显示器

**1. 4 位 7 段 LED 显示驱动器芯片**

要实现 4 位 7 段 LED 显示,只要使流过每段的电流达到要求即可。P87LPC762 是一种增强型 51 系列的单片机,除具有一般单片机的功能外,还具有驱动 LED 的性能,详述如下。

(1) I/O 端口具有上拉输出模式或开漏输出模式设置功能,可作为共阴极或共阳极 LED 的段输出端与位输出端。

(2) 具有较大的端口拉电流或灌电流,内部有短路保护功能,可实现 LED 的电流驱动。

(3) 当设计 4 位 LED 显示驱动器时,芯片的其余引脚可用于 $I^2C$ 总线的地址设置和 LED 的极性选择。

(4) 自带 $I^2C$ 硬件接口,便于接口编程与多芯片连接。

(5) 内部看门狗与内部复位,可提高驱动显示的可靠性。

(6) 内部设有 RC 振荡器,可减少芯片所需的外部元件。

P87LPC762 的引脚如图 5-13 所示。

它有 3 个端口:Port0、Port1、Port2。当选择内部振荡和内部复位时,最大的 I/O 端口数目可达到 18 个。大多数端口均可通过软件设置成准双向、上拉输出、开漏输出、输入四种模式之一。对于上拉输出模式,P87LPC762 在准双向口的基础上增加了第三只三极管,以提供强上拉功能,在高电平时可输出很大的拉电流;对于开漏输出模式,端口对外可提供很大的灌电流;对于输入模式,端口引脚电平由外部电压决定。根据 4 位动态 LED 的显示特性,需要重新对 P87LPC762 的端口进行功能定义,如表 5-5 所示。P0.0～P0.7 作为 4 位 LED 的段输出端,根据 LED 极性的不同,端口可设置为上拉输出或开漏输出模式;P1.0、P1.1、P1.6、P1.7 作为 4 位 LED 的位输出端,根据 LED 极性的不同,端口可设置为开漏输出或上拉输出模式;P1.5 作为 LED 的极性选择端,设置为输入模式;P2.1、P2.0、P1.4 用于设置 $I^2C$ 总线的外部地址,便于多芯片连接时对 $I^2C$ 总线的地址进行设定,设置

图 5-13　P87LPC762 的引脚

```
10 ─ P1.2/SCL    P0.0/CMP2 ─ 1
 9 ─ P1.3/SDA    P0.1/CIN2B ─ 20
                 P0.2/CIN2A ─ 19
 4 ─ P1.5/RST    P0.3/CIN1B ─ 18
                 P0.4/CIN1A ─ 17
15 ─ VDD         P0.5/REF ─ 16
                 P0.6/CMP1 ─ 14
 5 ─ VSS         P0.7/T1 ─ 13
 8 ─ P1.4/INT1   P1.0/TXD ─ 12
 7 ─ P2.0/X2     P1.1/RXD ─ 11
 6 ─ P2.1/X1     P1.6 ─
                 P1.7 ─ 3
```

为输入模式;P1.2、P1.3 保持 I²C 总线接口功能不变。定义后的 P87LPC762 引脚如图 5-14 所示。

表 5-5　修改后 P87LPC762 端口的功能定义

| 引脚 | 原引脚功能 | 新定义 | 说明 | 引脚 | 原引脚功能 | 新定义 | 说明 |
|---|---|---|---|---|---|---|---|
| 1 | P0.0/CMP2 | a | LED 段输出端 | 12 | P1.0/TXD | n1 | LED 位输出端 |
| 20 | P0.1/CIN2B | b | | 11 | P1.1/RXD | n2 | |
| 19 | P0.2/CIN2A | c | | 2 | P1.6 | n3 | |
| 18 | P0.3/CIN1B | d | | 3 | P1.7 | n4 | |
| 17 | P0.4/CIN1A | e | | 4 | P1.5/RST | A/K | 极性选择端 |
| 16 | P0.5/REF | f | | 6 | P2.1/X1 | A2 | 芯片地址 |
| 14 | P0.6/CMP1 | g | | 7 | P2.0/X2 | A1 | |
| 13 | P0.7/T1 | dp | | 8 | P1.4/INT1 | A0 | |
| 9 | P1.3/SDA | SDA | I²C 接口 | 15 | VDD | VDD | 电源 |
| 10 | P1.2/SCL | SCL | | 5 | VSS | VSS | |

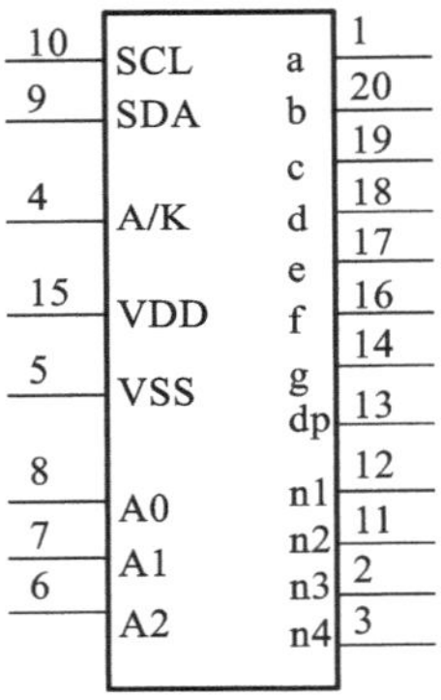

图 5-14　定义后的 P87LPC762 引脚

要实现以上的芯片设置,P87LPC762 的部分内部特殊功能寄存器及引脚设置如表 5-6 所示。PxMx 为端口模式设置,配合 LED 极性进行选择。UCFG1 为芯片系统配置字,在芯片编程时需写入,在程序运行后便不可以设置了。

表 5-6　P87LPC762 的部分内部特殊功能寄存器及引脚设置

| | P1.5 | P0M1 | P0M2 | P1M1 | P1M2 | P2M1 | P2M2 | UCFG1 |
|---|---|---|---|---|---|---|---|---|
| 共阳极 LED | 接地 | FFH | FFH | 10H | C3H | 03H | 00H | FBH |
| 共阴极 LED | 接电源 | 00H | FFH | D3H | C3H | 03H | 00H | FBH |

**2. LED 显示驱动器芯片的应用**

以 4 位 7 段 LED 显示驱动器芯片为例,设计的 LED 显示驱动器的原理图如图 5-15 所示。它采用 89C52 单片机的通用 I/O 端口 P1.0、P1.1 作为模拟 I²C 总线;LED 显示器为 4 位共阴极 LED,A/K 引脚接电源;LED 显示驱动器芯片采用 P87LPC762 定制,命名为

LED-762。第一块芯片的 $I^2C$ 总线的外部地址为 000，用 A0、A1、A2 引脚接地来实现，其余芯片地址依次设置，最多可连接 8 块外部芯片(图中未画出)。从电路图来看，LED-762 可以不加任何外部元件就可以作为 LED 的驱动器，由于采用 $I^2C$ 总线连接，占用系统资源较少，电路较简单。为了提高 $I^2C$ 总线的驱动能力，在实现多芯片连接时，SCL、SDA 需接总线匹配上拉电阻。

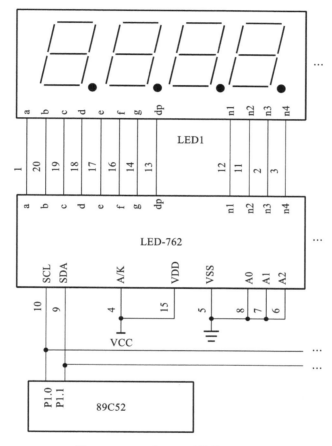

**图 5-15　LED 显示驱动器的原理图**

### 3. LED 显示驱动器芯片的软件编程

由于 LPC 系列芯片内部带有支持 $I^2C$ 总线的硬件接口，用户可以直接把它作为 $I^2C$ 总线的主控器或被控器。被控器通过 $I^2C$ 中断处理可实现从总线上接收或发送数据；主控器通过操作 $I^2C$ 总线实现起始时序、数据时序、应答时序、停止时序来检测 $I^2C$ 总线被控器，并实现相应的数据传送。$I^2C$ 总线被控器是以 $I^2C$ 总线地址来区别的。$I^2C$ 总线地址由 $I^2C$ 总线委员会统一分配，芯片地址共有 7 位($D7 \sim D1$)，高 4 位($D7 \sim D4$)决定芯片的种类，用户也可以自定义芯片种类，低 3 位($D3 \sim D1$)通过 A0、A1、A2 引脚设置。

当使用带有 $I^2C$ 总线接口的 LPC 系列芯片定制 LED 显示驱动器芯片时，定制的 LED 显示驱动器芯片设置为被控器，而要发送显示数据的 CPU 设置为 $I^2C$ 总线主控器。LED 显示驱动器芯片通过 $I^2C$ 中断接收数据的流程如图 5-16 所示。当从 $I^2C$ 总线上接收第一个数据时，判断是否与本芯片地址相同，如果相同并且为写显示数据，则发送应答时序接收 4

位显示数据,然后 I²C 恢复到空闲状态。要实现 LED 的动态显示,可对 LED 显示驱动器编制显示程序,根据 LED 极性输入,分别送出要显示的段和位,LED 就能正常显示。

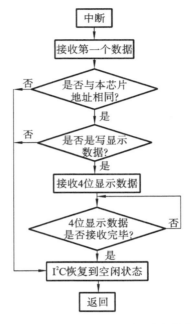

**图 5-16    LED 显示驱动器芯片通过 I²C 中断接收数据的流程**

## 5.3 LED 二次光学设计

LED 芯片在封装成大功率器件时,需要对其进行一次光学设计。这种设计主要是考虑怎样把 LED 芯片发出的光尽量多地取出,也就是解决 LED 的发光角度、光通量大小、光强分布、色温的范围与分布等问题。而二次光学设计是考虑怎样把 LED 器件发出的光集中到灯具上,从而让整个灯具系统发出的光满足设计需要。二次光学设计是针对大功率 LED 照明来说的,一般大功率 LED 都有一次透镜,发光角度为 120°左右,二次光学设计就是使通过一次透镜后的光再通过一个光学透镜,以改变它的光学性能。一次光学设计是二次光学设计的基础,只有一次光学设计合理,能够保证每个 LED 发光器件的出光品质,才能在一次光学设计的基础上进行二次光学设计,以保证整个发光系统的出光品质。LED 一次光学设计和二次光学设计如图 5-17 所示。

### 5.3.1 LED 光学设计的基本光学元件

LED 光学设计的基本光学元件主要有透镜、非球面反射镜和折光板等。

**1. 透镜**

图 5-18 给出了两种透镜的光路图。这两种透镜的作用是使点光源发出的光线汇聚或发散,起到改变发光角度的大小从而改变照明面积和照度的作用。在实际使用中,通过改变光源到镜头的距离 $L_f$ 来控制光束的发散角 $W$。$L_f$ 减小,$W$ 增大,反之 $W$ 减小。

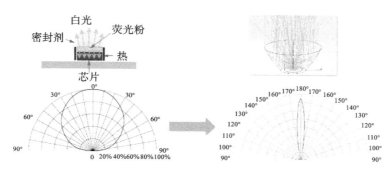

图 5-17　LED 一次光学设计和二次光学设计

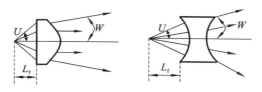

图 5-18　两种透镜的光路图

**2．非球面反射镜**

非球面反射镜的形状通常为旋转二次曲面,常见的有抛物面反射镜、椭球面反射镜和双曲面反射镜。

1）抛物面反射镜

位于焦点处的光源发出的光经过抛物面的反射后成为平行光射出,如图 5-19 所示。

2）椭球面反射镜

椭球面把位于第一焦点的光源发出的光汇聚到另一焦点处,从而起到汇聚光线的作用,如图 5-20 所示。

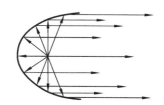

图 5-19　抛物面反射镜的光路图

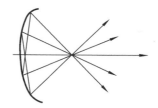

图 5-20　椭球面反射镜的光路图

3）双曲面反射镜

双曲面把实焦点处的光源成像在虚焦点处,相当于光线由虚焦点发出,起到改变光源发散角的作用,如图 5-21 所示。

非球面反射镜与透镜在成像原理上是不同的,透镜利用的是折射的原理,非球面反射镜利用的是反射或全反射的原理。尽管表面上都能改变光源的光束角,但其出射的孔径角差别很大。由于材料的折射率有限,透镜的孔径角一般较小,通常在 40°以下,而非球面反射镜的孔径角可达 130°以上。孔径角的大小表示反射器集中光线的能力的强弱,也就是说,非球面反射镜集中光线的能力更强。但如果光源的光束角较小,使用透镜更为合适。

### 3. 折光板

折光板的作用是改变光线的方向,或在特定的方向上改变光束的角度。常见的折光板类型有齿形折光板、梯形折光板、柱形折光板和球形折光板。

1) 齿形折光板

齿形折光板的某一齿相当于楔形棱镜,材料表面的折射作用使光线发生偏转,但对光束角影响不大。齿形折光板主要用来改变光束的方向,通常作为偏转镜使用。齿形折光板的光路图如图 5-22 所示。

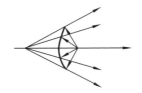

图 5-21  双曲面反射镜的光路图

图 5-22  齿形折光板的光路图

2) 梯形折光板

梯形折光板相当于平板玻璃和楔形棱镜的组合体,平板玻璃不改变光线的方向,楔形棱镜使光线发生偏转。梯形折光板使一束光分成三个方向,三组光束的光强比可由平面和斜面的面积比来控制。梯形折光板的光路图如图 5-23 所示。

3) 柱形折光板和球形折光板

柱形折光板由一系列圆柱面组成,每个圆柱面相当于一个透镜。在圆柱面的法线方向上,保持光线的原始方向,如图 5-24 所示。球形折光板也称为复眼透镜,由多个透镜组合而成,每个透镜在各个方向上都有汇聚或发散光线的作用。

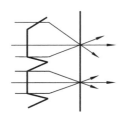

图 5-23  梯形折光板的光路图

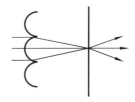

图 5-24  柱形折光板的光路图

## 5.3.2  LED 系统的光学设计

LED 一次光学设计主要是解决发光器件的发光角度、光通量大小、光强分布、色温范围和色温分布等问题。一次光学设计的目的是保证每个 LED 发光器件的出光品质。

在使用 LED 发光器件时,必须针对整个系统的发光效果、光强、色温分布状况进行二次光学设计。二次光学设计必须在 LED 发光器件一次光学设计的基础上进行。二次光学设计的目的是保证整个发光系统的出光品质。下面介绍主要的 LED 系统光学设计方法。

(1) 散射型 LED 系统。LED 系统大多为聚光型照明系统。但如果需要大面积照明或显示,就需要通过增加散射板来实现。散射板的原理与梯形折光板和柱形折光板的原理相同,主要是在一个方向扩展光束角,同时使照明均匀。当使用 LED 做信号灯时,可以使发光面显示均匀。图 5-25 所示为散射型 LED 系统光学设计,图中的两种设计都是在一个方向扩展光束角,但其光强分布不一样。

（2）聚光型 LED 系统。由于 LED 单管封装时聚光能力有限,对于某些聚光能力要求较强的应用场合,需要外加透镜或透镜阵列进一步聚光,提高光强。图 5-26 所示为常见的聚光型 LED 系统光学设计,目前某些汽车雾灯采用的就是这种设计方法。使用窄光束 LED 在一定程度上可以提高光强,但聚光效果会变差,且聚光光斑的均匀性较差。采用聚光透镜比单纯使用窄光束 LED 效果更好。

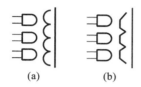

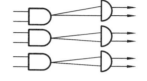

图 5-25　散射型 LED 系统光学设计　　　　图 5-26　常见的聚光型 LED 系统光学设计

在 LED 系统光学设计过程中,通常采用以上两种设计方法相结合的方式实现对 LED 系统的二次光学设计,以提高整个系统的出光品质。

下面介绍几种常用的 LED 二次光学设计方式。

**1. 透镜**

透镜在小角度 LED 照明产品中应用广泛,利用透镜可设计出不同的配光方式,成本相对较高,结构较为复杂,光转换效率相对较低。透镜式 LED 光学元件如图 5-27 所示。

图 5-27　透镜式 LED 光学元件

TIR 透镜如图 5-28 所示。中间类似于一个凸透镜,将 LED 小角度光线汇聚;边缘利用全反射原理,将 LED 大角度光线转换到所需角度范围内,达到改变配光,出射均匀的目的。该透镜主要应用于小角度灯具中,如射灯、天花板灯等。

**2. 反射器**

反射器主要用于大角度照明产品,其光转换效率较高,配光以轴对称性配光为主,配光难度较其他两种更大。反射器式 LED 光学元件如图 5-29 所示。

**3. 混光腔**

混光腔用于 LED 二次光学设计中出光均匀,产生的眩光小,可用于多色混光,适用于 LED 家用吊灯照明系统。混光腔式 LED 光学元件如图 5-30 所示。

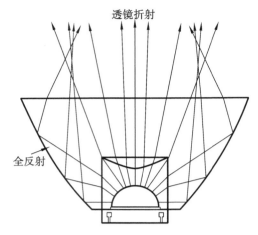

图 5-28　TIR 透镜

图 5-29　反射器式 LED 光学元件

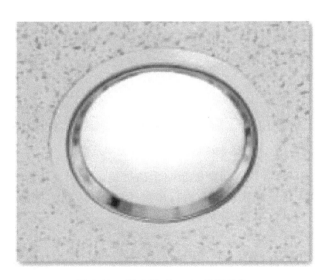

图 5-30　混光腔式 LED 光学元件

　　针对不同的场合和不同的配光要求,应选用不同的二次光学设计元件和结构。三种二次光学设计方式的比较如表 5-7 所示。

表 5-7　三种二次光学设计方式的比较

| 二次光学设计方式 | 光转换效率 | 成　本 | 一般应用场合 |
|---|---|---|---|
| 透镜 | 低 | 高 | 半光强角度小于 60°的射灯、天花板灯 |
| 反射器 | 高 | 低 | 半光强角度大于 80°的射灯、筒灯 |
| 混光腔 | 中 | 高 | 基础照明灯具,出光均匀,无眩光 |

# 第6章　LED数码显示器和显示屏

随着 LED 应用领域的不断扩大,要求生产更直接、更方便的 LED 显示器件,因而出现了多种 LED 显示器。各种 LED 显示器的核心部件仍然是发光二极管芯片,只不过各种显示器的结构不同,以适应不同的应用需要。

与其他显示器件(如一般的荧光显示器、等离子显示器、真空灯丝显示器等)相比,LED显示器在亮度、色彩、响应速度、耗电量、可靠性、使用寿命以及抗恶劣环境等方面具有综合优势,因此,LED 显示器成为发布公众信息的主要工具。

表 6-1 对 CRT 显示器、滤光白炽灯显示器、光导纤维显示器、LED 显示器、翻板显示器等多种显示器的性能进行了比较。LED 显示器的亮度在总体上属于中等水平,所以结果是"中",而 CRT 显示器从总体上看属于亮度"高"的范围。然而对于不同的应用环境,显示屏的亮度有不同的要求,在室内普通亮度的 LED 显示屏和高亮度的 LED 显示屏可满足要求,在室外超高亮度的 LED 显示屏比 CRT 显示屏的显示效果还要好,因此,室外应用往往首选超高亮度的 LED 显示屏,而不是 CRT 组成的电视墙。另一方面,在某些应用场合,显示屏类型的选择会受到某一(或某些)特定性能的制约,例如视频显示屏的选择就受响应速度的制约,无论其他性能多么好,只要响应速度慢,就无法进行视频显示。因此,视频显示屏只能在 CRT 显示屏和 LED 显示屏之间进行选择。

**表 6-1　多种显示器的性能比较**

|  | CRT 显示器 | 滤光白炽灯显示器 | 光导纤维显示器 | LED 显示器 | 翻板显示器 |
|---|---|---|---|---|---|
| 响应速度 | 快 | 慢 | 中 | 快 | 慢 |
| 抗恶劣环境 | 中 | 中 | 中 | 强 | 强 |
| 可靠性 | 较高 | 低 | 低 | 高 | 中 |
| 使用寿命 | 中 | 短 | 长 | 长 | 长 |
| 亮度 | 高 | 高 | 高 | 中 | 低 |
| 重量 | 重 | 中 | 中 | 轻 | 轻 |
| 耗电量 | 大 | 大 | 大 | 中 | 小 |
| 造价 | 高 | 中 | 中 | 高 | 低 |
| 轴向视角 | 大 | 大 | 大 | 中 | 大 |

正是由于 LED 显示屏具有良好的综合性能,因此得到了迅速的发展。从 LED 显示器件的发展过程来看,首先出现的是 LED 数码显示器,然后是以显示短小文字信息为主的

LED 图文显示屏,继而开发出了 LED 图像显示屏,而全彩色视频显示屏把 LED 显示屏的地位提升到了一个全新的高度。

本章将从 LED 显示器件的发展轨迹着手,从以下四个方面来讲解 LED 显示器件。

(1) LED 数码显示器。

(2) LED 显示屏。

(3) LED 图文显示屏。

(4) LED 图像显示屏。

## 6.1    LED 数码显示器

平面发光器件是由多个发光二极管芯片组合而成的结构型器件。通过发光二极管芯片的适当连接(包括串联和并联)和合适的光学结构,可构成发光显示器的发光段和发光点,然后由这些发光段和发光点组成各种发光显示器,如数码管、符号管、米字管、矩阵管、光柱等。

### 6.1.1    LED 数码显示器的结构

如图 6-1 所示,基本的 LED 数码显示器是一种由 8 只发光二极管组合而成的显示字符的器件。其中 7 只发光二极管排列成"8"字形的笔画段,还有一只发光二极管为圆点形状,安装在显示器的右下角作为小数点使用。通过发光二极管亮暗的不同组合,可以显示出 0~9 的阿拉伯数字符号以及其他能由这些笔画段构成的字符。

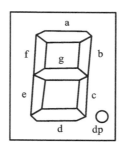

图 6-1    基本的 LED 数码显示器的构造

### 6.1.2    LED 数码显示器的分类

(1) LED 数码显示器按颜色分有红、橙、黄、绿等数种。

(2) 数码管按结构可分为反射罩式数码管、单条七段式数码管及单片集成式数码管。

①反射罩式数码管。反射罩式数码管一般用白色塑料制作成带反射腔的七段式外壳,将单只 LED 贴在与反射罩的七个反射腔互相对位的印制电路板上,每个反射腔底部的中心位置就是 LED 芯片,以形成发光区域,如图 6-2 所示。安装反射罩前,在 LED 芯片和印制电路板上通过压焊方法,使用铝丝或金丝把 LED 芯片与印制电路板上的电路连接好。在反射罩内滴入环氧树脂,再把带有芯片的印制电路板与反射罩对位黏合,然后固化。反射罩式数码管具有用料省、组装灵活等优点。反射罩式数码管的封装方式有空封和实封两种。图

6-3 所示为实封示意图。这种方式采用环氧树脂把 LED 芯片黏合在印制电路板上,并用铝丝或金丝将 LED 芯片与印制电路板上的电路连接好,然后在反射罩正面贴上高温胶带,将环氧树脂灌满,最后将焊好 LED 芯片的印制电路板对准空位压好,让其固化。这种封装方式一般用于一位或双位器件。图 6-4 所示为空封示意图。这种方式在出光面上盖有滤色片和匀光膜。首先将 LED 芯片黏合在印制电路板上,并用铝丝或金丝将 LED 芯片与印制电路板上的电路连接好,然后在反射罩正面贴上滤色片和匀光膜。这种封装方式一般用于四位以上的数字显示(或符号显示)。

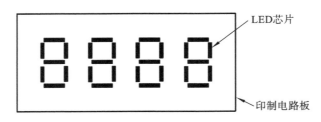

图 6-2　反射罩式数码管示意图

图 6-3　实封示意图　　　　　　　　图 6-4　空封示意图

②单条七段式数码管。单条七段式数码管是把已经做好管芯的磷化镓圆片划成内含一只或多只管芯的发光条,然后把同样的七条发光条黏结在日字形可伐框上,用压焊工艺连接好引线,再用环氧树脂封装起来。

③单片集成式数码管。单片集成式数码管是在发光材料基片上,利用集成电路工艺制作出大量七段数码显示器图形管芯,然后划片分割成单片图形管芯,对位贴在印制电路板上,并用压焊工艺引出引线,最后封装带透镜的外壳。单片集成式数码管适用于小型数字仪表中。

(3) LED 数码显示器按各发光段的电极连接方式可分为共阳极 LED 数码显示器和共阴极 LED 数码显示器。

①共阴极 LED 数码显示器:发光二极管的所有阴极连在一起为公共端,连接方式如图 6-5(b)所示。

②共阳极 LED 数码显示器:发光二极管的所有阳极连在一起为公共端,连接方式如图 6-5(c)所示。

为了显示数字(或符号),要为 LED 数码显示器提供代码。因为这些代码是用来显示字形的,所以称为字形代码。LED 数码显示器各数据位的对应关系如表 6-2 所示。

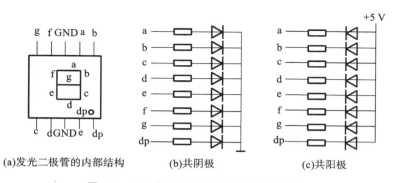

(a)发光二极管的内部结构　　　(b)共阴极　　　　　(c)共阳极

**图 6-5　LED 数码显示器的电极连接方式**

**表 6-2　LED 数码显示器各数据位的对应关系**

| 段码位 | D7 | D6 | D5 | D4 | D3 | D2 | D1 | D0 |
| --- | --- | --- | --- | --- | --- | --- | --- | --- |
| 显示段 | dp | g | f | e | d | c | b | a |

## 6.1.3　LED 数码显示器的应用

### 1. 驱动电路

如果 LED 数码显示器为共阴极形式,那么它的驱动电路应为射极输出或源极输出结构。把 7 只发光二极管的阴极连在一起构成公共阴极,使用时公共阴极接地。每只发光二极管的阳极通过电阻与输入端连接,阳极输入高电平时,发光二极管点亮,输入低电平时,发光二极管不亮。共阴极的驱动电路如图 6-6 所示。

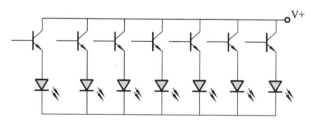

**图 6-6　共阴极的驱动电路**

如果 LED 数码显示器为共阳极形式,那么它的驱动电路应为集电极开路结构。把 7 只发光二极管的阳极连在一起构成公共阳极,使用时公共阳极接＋5 V 电源。每只发光二极管的阴极通过电阻与输入端连接,阴极输入低电平时,发光二极管点亮,输入高电平时,发光二极管不亮。共阳极的驱动电路如图 6-7 所示。

### 2. 驱动方式

在单片机应用系统中,LED 数码显示器的显示方法有两种:静态显示和动态扫描显示。

静态显示,就是每一个显示器各笔画段都要独占具有锁存功能的输出口线,CPU 将要显示的字形代码送到输出口上,就可以使显示器显示所需的数字或符号。静态显示的优点是显示程序十分简单,由于 CPU 不需要经常扫描显示器,所以节约了 CPU 的工作时间。但静态显示也有其缺点,主要是占用的 I/O 口线较多,硬件成本较高,所以静态显示法常用

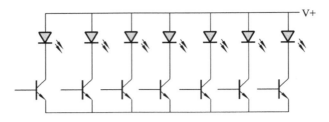

图 6-7　共阳极的驱动电路

在显示器数目较少的应用系统中。图 6-8 所示为静态显示示意图。

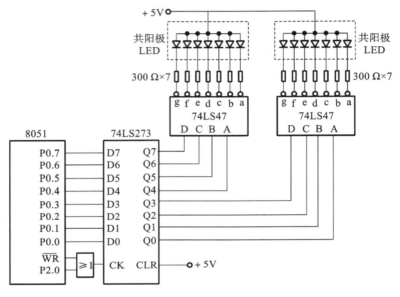

图 6-8　静态显示示意图

图 6-8 中，由 74LS273 作扩展输出口，输出控制信号由 P2.0 和 $\overline{WR}$ 合成，当二者同时为 0 时，或门输出为 0，将 P0 口数据锁存到 74LS273 中。输出口线的低 4 位和高 4 位分别接 BCD-7 段显示译码驱动器 74LS47，它们驱动两位数码管作静态的连续显示。

动态扫描显示是单片机应用系统中最常用的显示方式之一。它是把所有显示器的 8 个笔画段 a～dp 的各同段名端并联在一起，并把它们接到字段输出口上。为了防止各个显示器同时显示相同的数字，各个显示器的公共端还要受到另一组信号控制，即把它们接到位输出口上。这样，对于一组 LED 数码显示器需要有两组信号来控制：一组是字段输出口输出的字形代码，用来控制显示的字形，称为段码；另一组是位输出口输出的控制信号，用来选择第几个显示器工作，称为位码。在这两组信号的控制下，可以逐个点亮各个显示器显示各自的数码，从而实现动态扫描显示。在轮流点亮一遍的过程中，每个显示器点亮的时间是极为短暂的，由于人眼的视觉暂留效应，尽管各个显示器实际上是分时断续地显示的，但只要适当选取扫描频率，给人眼的视觉印象就会是在连续稳定地显示，并且人眼不会感觉到有闪烁现象。图 6-9 所示为动态扫描显示示意图。

在实际的单片机应用系统中，LED 显示程序都是作为一个子程序供监控程序调用，因此各个显示器都扫描过一遍之后，就返回监控程序。返回监控程序后，进行一些其他操作，

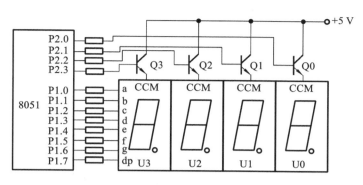

图 6-9　动态扫描显示示意图

再调用 LED 显示程序。通过这种反复调用来实现 LED 数码显示器的动态扫描。

　　动态扫描显示电路虽然硬件简单,但在使用时必须反复调用 LED 显示程序,若 CPU 要进行其他操作,那么 LED 显示程序只能插入循环程序中,这样会影响 CPU 工作,降低 CPU 的工作效率。另外,在动态扫描显示电路中,显示器数目不宜太多,一般在 12 个以内,否则会使人察觉出显示器在分时轮流显示。

## 6.2　LED 显示屏

　　LED 显示屏是一种新型的信息显示媒体,它是利用发光二极管点阵模块或像素单元组成的平面式显示屏幕,能够用来显示文字、图形等静态信息和动画、视频等动态信息。它具有亮度高、功耗低、响应速度快、性价比高、可视角度大、性能稳定等特点,广泛应用于商业广告、体育比赛、道路交通等领域。随着信息化技术的发展,LED 显示屏经历了从单色、双色图文显示屏,到图像显示屏,一直到今天的全彩色视频显示屏的发展过程。

　　LED 显示屏的分类如表 6-3 所示。

表 6-3　LED 显示屏的分类

| 分类方式 | 类　别 | 说　明 |
|---|---|---|
| 按使用环境分 | 室内 LED 显示屏 | 室内 LED 显示屏在室内环境中使用,此类显示屏亮度适中,可视角度大,重量轻,适合近距离观看 |
| | 室外 LED 显示屏 | 室外 LED 显示屏在室外环境中使用,此类显示屏亮度高,防护等级高,防水和抗紫外线能力强,适合远距离观看 |
| 按显示颜色分 | 单基色 LED 显示屏 | 单基色 LED 显示屏由一种颜色的 LED 灯组成,仅可显示单一颜色,如红色、绿色、橙色等 |
| | 双基色 LED 显示屏 | 双基色 LED 显示屏由红色和绿色 LED 灯组成,256 级灰度的双基色显示屏可显示 65 536 种颜色 |
| | 全彩色 LED 显示屏 | 全彩色 LED 显示屏由红色、绿色和蓝色 LED 灯组成,256 级灰度的全彩色显示屏可显示 16 777 216 种颜色 |

| 分 类 方 式 | 类　别 | 说　明 |
|---|---|---|
| 按显示功能分 | 图文 LED 显示屏（异步屏） | 图文 LED 显示屏可显示文字、图形等信息 |
| | 图像 LED 显示屏（同步屏） | 图像 LED 显示屏可实时、同步地显示二维或三维动画、录像、现场实况等多种视频信息 |

下面将从 LED 显示屏的组成和 LED 显示屏的基本原理两个方面进行详细的阐述。

## 6.2.1　LED 显示屏的组成

LED 显示屏由屏体、框架结构、供电系统、控制系统、附属设备等组成。LED 显示屏作为多媒体信息的显示终端,显示技术和控制技术是关键,这里着重分析屏体和控制系统。对屏体而言,显示的载体是所有像素点的集合,也就是通常所说的显示屏;控制的载体是控制系统硬件,起着神经中枢的作用。

### 1. 屏体的构成与分类

通常 LED 显示屏由若干个单元箱体组合而成,箱体之间尽量准确精密拼接,使全屏看似一个整体,无箱体拼缝。单元箱体又由若干个单元模组构成,单元模组之间尽量准确精密拼接,使单元箱体看似一个整体,无模组拼缝。单元模组又由若干等间距的像素点排列构成,每个像素点由一颗或者数颗 LED 灯组成。

图 6-10 所示为 LED 显示屏屏体构成示意图,该显示屏由 9 个单元箱体组成,每个单元箱体由 24 个单元模组组成,每个单元模组由 128 个像素点组成,每个像素点由红、绿、蓝三颗分立的 LED 灯组成。

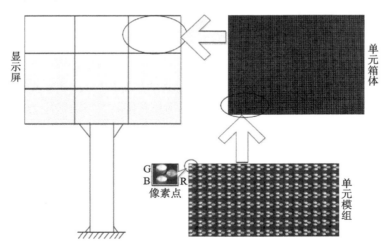

**图 6-10　LED 显示屏屏体构成示意图**

根据封装方式的不同,LED 显示屏屏体可分为模块屏、表贴屏、分立直插屏等。模块屏在制作工艺上首先是把晶片做成点阵模块,然后将点阵模块拼接为一定尺寸的显示单元板,再根据用户的要求,以显示单元板为基本单元拼接出用户所需尺寸的显示屏。表贴屏在制作工艺上首先是把三只管芯封装到一个贴片的像素管里,再将像素管拼接成一定尺寸的显示单元板。分立直插屏在制作工艺上首先是把发光管芯封装成单颗的 LED 灯,一般会采用有聚光作用的反光杯,以提高 LED 灯的亮度,再将多颗 LED 灯封装成单元模组,进而组装成单元箱体,最后根据用户的需要,以单元箱体为基本单元组成用户所需尺寸的显示屏。单元箱体在设计上应密封,以达到防尘、防潮、防腐的目的,使之能够最大限度地适应户外环境。

**2. 控制系统**

控制系统作为 LED 显示屏的核心部件,起着至关重要的作用。下面从控制系统的分类、控制核心、控制系统区域划分和控制系统架构四个方面来叙述。

1) 控制系统的分类

控制系统按照连接方式的不同可分为联机控制系统和脱机控制系统。联机控制系统又叫同步控制系统,主要用来实时显示图文和视频、发布信息等,一般用于室内或户外全彩色显示屏。同步控制系统控制的 LED 显示屏的工作方式基本等同于电脑的监视器,它以至少 60 帧/秒的更新速率点点对应地实时映射电脑或其他视频播放设备上的图像。其主要特点是实时性强、表现力丰富、操作较为复杂、价格高。同步控制系统通过 DVI、HDMI 等接口与电脑或其他视频播放设备连接获取需要显示的图像信息。

脱机控制系统又叫异步控制系统,早期脱机控制系统主要用来显示各种文字、符号和图形。画面显示信息由计算机编辑,经 RS232/485 串口预先置入 LED 显示屏具有存储功能的显示控制系统中,然后脱离计算机播放,循环往复,显示方式多种多样。其主要特点是操作简单、价格低廉、使用范围较广。近年来,由于芯片技术的飞速发展及嵌入式操作系统的广泛应用,脱机控制系统在显示、控制和处理能力等方面有了新的突破,可以支持更高分辨率的全彩色 LED 大屏幕的显示控制。

2) 控制核心

控制核心分为 FPGA、ARM 和单片机等。

(1) 以 FPGA 为控制器的 LED 显示屏。因为 FPGA 是高速并行的可编程逻辑器件,用它作为控制器能够高速地处理 PWM 信号、完成动态扫描、完成字符移动算法,所以 FPGA 被广泛应用于全彩色 LED 显示屏系统,成为同步全彩色 LED 显示屏控制系统的主流。

(2) 以 ARM 为控制器的 LED 显示屏。因为 ARM 有着很高的指令效率和时钟频率,因此其运算能力很强大,内部资源也十分丰富,在条屏运用中,能用 ARM 来实现花样繁多的显示方式。常用 ARM 作为异步全彩色 LED 显示屏的控制器。

(3) 以单片机为控制器的 LED 显示屏。因为受到单片机运算速度及通信速率的限制,以单片机为控制器的 LED 显示屏动态显示的刷新频率不可能太高,对显示效果和移动算法的处理也比较吃力,实际显示效果有明显的闪烁感。以单片机为控制器的条屏目前仍是单色屏市场的主流。

3) 控制系统区域划分

对于联机控制系统,控制系统区域按照其摆放的位置可以分为控制区域和显示区域。控制区域一般在控制室,显示区域即显示屏所在的位置,控制区域与显示区域一般距离较远。两者距离小于 100 m 时,可采用网线传递信号;两者距离大于 100 m 时,可采用光纤传递信号。对于脱机控制系统,通常省去控制区域,既节约了成本,又提高了灵活性。

图 6-11 所示为控制系统区域划分示意图,控制系统分为发送卡、接收卡两部分,发送卡位于控制区域,接收卡位于显示区域,控制区域和显示区域之间采用网线连接。发送卡主要负责截取计算机端的图像信号,通过帧缓存并经过编码后再通过千兆以太网发送到屏体端,屏体端的接收卡将信号截取、存储和处理后,按照一定的时序输出至驱动芯片的信号端,使显示屏可以实时显示计算机端的图像。图 6-11 中,发送卡从计算机显卡的 DVI 信号中截取 1024×576 像素点的图像,每张接收卡控制 256×192 像素点,共需 12 张接收卡,它们依次级联。

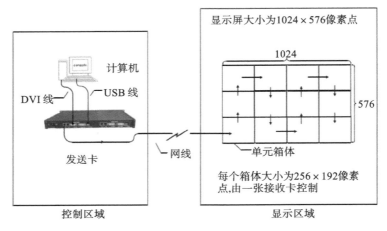

**图 6-11  控制系统区域划分示意图**

4)控制系统架构

通常 LED 显示屏的控制系统因驱动级联方式不同,可分为串行式架构和总分式架构。

串行式架构主要包括发送卡和接收扫描卡两大部分,其原理框图分别如图 6-12 和图 6-13所示。其中,发送卡在 LED 显示控制系统中,其主要功能是对显卡输出的视频信号进行分割和组合,然后分批发送给接收扫描卡。接收扫描卡的输入和发送卡的输出直接连接,接收扫描卡的主要功能是截取发送卡发送的视频数据流中属于自己的那部分数据,同时将其余的数据转发给下一张接收扫描卡,依次级联。接收扫描卡将截取到的数据存储和处理后传输到屏体端,实现图像的显示。

串行式架构中各板卡之间通常采用千兆以太网技术进行连接,网络拓扑结构为总线型结构,此结构的优点是布线简单,操作灵活,不过总线型结构如果拓扑太长,会导致图像同步出现问题,会产生很严重的闪烁感。

总分式架构是在串行式架构的基础上发展起来的,这种架构将接收扫描卡拆分为接收卡和扫描卡两大部分,与串行式架构相比,拆分后的接收卡是信息汇集的枢纽,它可以拓扑多条视频总线,将单一的总线型拓扑结构改造成树形拓扑结构。总分式架构接收卡和扫描卡原理框图如图 6-14 和图 6-15 所示。

总分式架构中各板卡之间可以采用多种方式进行连接,如 LVDS、百兆以太网、千兆以太网。其中,LVDS 成本最低,不过其稳定性和灵活性都比百兆以太网和千兆以太网差。虽

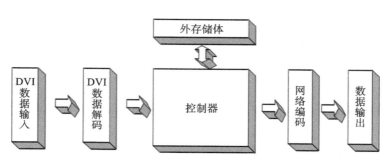

图 6-12    串行式架构发送卡原理框图

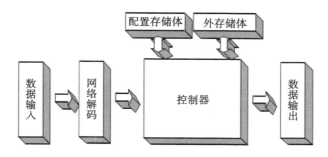

图 6-13    串行式架构接收扫描卡原理框图

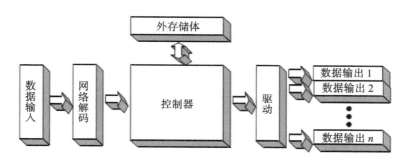

图 6-14    总分式架构接收卡原理框图

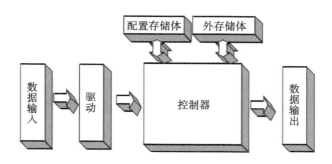

图 6-15    总分式架构扫描卡原理框图

然总分式架构在灵活性上不如串行式架构,不过总分式架构可以较好地解决超大屏幕显示的同步问题。在显示屏分辨率越来越高的今天,总分式架构的应用越来越广泛。

## 6.2.2 LED 显示屏的基本原理

**1. LED 显示屏的像素特征**

LED 显示屏显示主体最基本的组成单元是像素点,每个像素点通常由 1~3 颗 LED 灯组成,单基色显示屏每个像素点通常是 1 颗红灯,双基色显示屏每个像素点通常是 1 颗红灯和 1 颗绿灯,全彩色显示屏每个像素点通常是 1 颗红灯、1 颗绿灯和 1 颗蓝灯。

单颗 LED 灯的亮度调节方式通常有两种:调节电流和调节占空比。调节电流通常是通过调节电阻阻值来实现,在实际设计中不太容易实现,而维持恒定的电流,通过调节占空比,则较容易实现 LED 灯的亮度调节。

**2. 数字信号显示原理**

LED 显示屏的视频源通常是数字信号,而最终人们看到的是发光的显示屏,从数字信号转换成光信号的过程主要由 LED 显示控制核心和驱动电路共同完成。

LED 显示屏灰度等级可由 LED 灯所能够表现的亮度级差反映,由于 LED 灯的亮度和导通时间呈线性关系,所以只需要将图像数字信号转换成和时间一一对应的电信号,再将电信号转换成光信号,就能完成数字信号转换成光信号的过程。图 6-16 反映的是通用恒流驱动芯片的工作原理,由 LED 显示控制核心发出的数字信号 SDI 在时钟的驱动下,逐级移存,当移存至所需长度时,锁存信号 LE 将移存的数据捕获,并在消隐信号的控制下将其转换成电信号,电脉冲作用于 LED,使 LED 发光,电信号也就转换成了光信号。

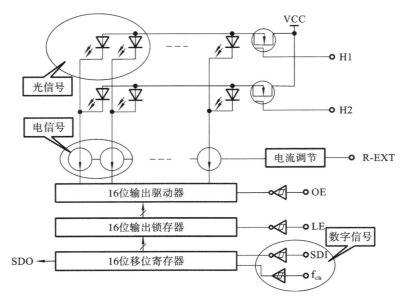

**图 6-16 通用恒流驱动芯片的工作原理**

**3. LED 显示屏的关键技术指标**

LED 显示屏的关键技术指标有很多,有光学指标、机械指标、环境指标、电学指标、控制系统指标等,下面列举部分关键技术指标。

1）最大亮度

LED 显示屏在不同的使用环境下，需要不同的亮度，因此亮度成为客户关心的重要指标。最大亮度是指显示屏在一定的环境照度下，在最高灰度级和最高亮度级下测得的亮度，亮度的单位是 cd/m²。最大亮度与单位面积的 LED 数量、LED 本身的亮度成正比。LED 的亮度与其驱动电流成正比，但 LED 的使用寿命与其驱动电流的平方成反比，所以不能为了追求亮度过分增大驱动电流。在同等点密度下，LED 显示屏的亮度取决于所采用的 LED 晶片的材质、封装形式和尺寸大小，LED 晶片越大，亮度越高；反之，亮度越低。表 6-4 列出了不同使用环境下 LED 显示屏的亮度要求。

表 6-4　不同使用环境下 LED 显示屏的亮度要求

| 使 用 环 境 | LED 显示屏的亮度要求 |
|---|---|
| 户外朝阳 | 8000 cd/m² |
| 户外背阴 | 4000 cd/m² |
| 室内 | 800～2000 cd/m² |

2）驱动方式

LED 显示屏通常采用恒流驱动方式，驱动方式分为静态扫描和换行扫描。

静态扫描是指驱动芯片的一个输出管脚接一颗 LED 灯，显示屏亮度较高，通常用于户外。

换行扫描是指驱动芯片的一个输出管脚接 $k$ 颗 LED 灯，相同分辨率的显示屏，换行扫描时驱动芯片的使用数量是静态扫描时的 $1/k$，换行扫描也常称为恒流 $1/k$ 扫描、$k$ 行扫描。

3）白平衡

全彩色 LED 显示屏的配色和一致性是保证显示效果的重要因素。由于 LED 显示屏由许多像素点组成，每个像素点都由红、绿、蓝三基色 LED 灯构成，因此必须保证各个像素点的配色良好，并保证各像素点间的一致性，这样才能保证最终的色彩还原。由于制造工艺等原因，LED 在光电学参数方面必然存在差异，因此，必须在设计过程中对 LED 的光电学参数进行白平衡和一致性的设计，并在实际使用中通过筛选、校正、调整使用条件等有效的办法，使这些差异不影响最终的观看效果，从而保证显示屏的亮度、色彩还原度和一致性达到规定的指标。

4）视角

视角是指观察方向的亮度下降到 LED 显示屏法线方向亮度的 1/2 时，同一平面内两个观察方向与法线所成的夹角。视角分为水平视角（见图6-17）和垂直视角。

LED 显示屏视角的大小主要由 LED 晶片的封装方式决定。

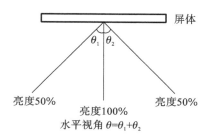

图 6-17　LED 显示屏的水平视角

5）对比度

对比度是指在一定的环境照度下，LED 显示屏的最大亮度和背景亮度的比值。

为了显示出亮度均匀一致的文字和图像，不受周围光线的影响，屏幕应具有足够的对比度。对于 LED 显示屏，对比度要达到 4096∶1 以上，显示效果才好。

6）换帧频率

换帧频率是指每秒钟 LED 显示屏画面信息更新的次数,一般为 25 Hz、30 Hz、50 Hz、60 Hz 等,换帧频率越高,变化的图像连续性越好。

7）刷新频率

刷新频率是指每秒钟 LED 显示屏图像数据被重复的次数,通常为 60 Hz、120 Hz、240 Hz 等,刷新频率越高,图像显示越稳定。

8）灰度

LED 显示屏的灰度等级也就是常说的灰阶或者色阶,是指亮度的明暗程度。一般灰阶越高,显示的色彩越丰富,画面越细腻,越能够表现丰富的细节。反之,显示的色彩单一,变化简单。灰阶虽然是决定色彩数量的重要因素,但并不是越高越好,因为灰阶的提高会牵涉控制系统数据处理、存储、传输、扫描等环节的变化,硬件成本增加,性价比可能会降低。

灰度等级取决于视频源及控制系统的处理位数。目前国内 LED 显示屏主要采用 8 位处理系统,即 $256(2^8)$ 级灰度,简单地说就是共有 256 种亮度变化,采用红色、绿色、蓝色可构成 $256 \times 256 \times 256 = 16\ 777\ 216$ 种颜色,即通常所说的 16 兆色。国际品牌 LED 显示屏主要采用 10 位处理系统,即 1024 级灰度,可构成 10.7 亿色。图 6-18 所示为不同灰度等级的图像。

(a)$2^{16}$级灰度图像　　　　　　　　(b)$2^8$级灰度图像

**图 6-18　不同灰度等级的图像**

9）像素失控率

像素失控率是指在 LED 显示屏中,工作不正常(失控)的像素所占的比例。

像素失控有以下两种模式。

(1) 盲点:在需要亮的时候它不亮,也称为瞎点。

(2) 长亮点:在不需要亮的时候它一直亮着。

一般,像素的组成有 2R1G1B(2 颗红色 LED 灯、1 颗绿色 LED 灯和 1 颗蓝色 LED 灯)、1R1G1B、2R1G 等模式,而失控一般不会是同一个像素里的红色、绿色、蓝色 LED 灯同时失控,只要其中一颗 LED 灯失控,我们就认为此像素失控。

根据相关行业标准的规定,室内屏的像素失控率应不大于万分之三,室外屏的像素失控率应不大于千分之二,且为离散分布。

10）平整度

平整度是指发光二极管、像素、显示模块、显示模组在组成 LED 显示屏平面时的凹凸偏差,如图 6-19 所示。LED 显示屏的平整度不高易导致观看时,屏体颜色不均匀。

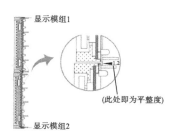

图 6-19　LED 显示屏的平整度

# 6.3　LED 图文显示屏

## 6.3.1　LED 图文显示屏的特点

　　一般把显示图形和文字的 LED 显示屏称为 LED 图文显示屏,这里所说的图形是指由单一亮度线条组成的画面,以便与不同亮度点阵组成的图像相区别。LED 图文显示屏的主要特征是只控制 LED 器件的通断(发光或熄灭),而不控制 LED 器件的发光强弱。LED 可以是单色的、双色的,甚至是多色的。LED 图文显示屏的外观可以做成长条形,即条形图文显示屏(简称条屏),也可以做成矩形,即平面图文显示屏。条屏常用于显示简短明确的信息,平面图文显示屏多用于显示比较复杂的信息。

　　不论是显示图形还是显示文字,都是控制与组成这些图形或文字的各个点所在位置相对应的 LED 器件发光。通常事先把需要显示的图形、文字转换成点阵图形,再按照显示控制的要求以一定的格式形成显示数据。对于只控制 LED 器件通断的图文显示屏来说,每个 LED 器件占据数据中的 1 位,在需要该 LED 器件发光时数据中相应的位填 1,否则填 0。显示图形的数据文件,其格式相对自由,只要能够满足显示控制的要求即可。文字的点阵格式比较规范,可以采用现行计算机通用的字库字模,例如汉字就有宋体、楷体、黑体等多种可供选择的方案。组成一个字的点阵,其大小可以有 $16\times16$、$24\times24$、$32\times32$、$48\times48$ 等不同规格。

　　用点阵方式构成图形或文字,是非常灵活的,可以任意组合和变化,只要设计好合适的数据文件,就可以得到满意的显示效果。因此采用点阵式图文显示屏显示经常需要变化的信息,是非常有效的。

　　LED 图文显示屏的颜色有单色、双色和多色几种。最常用的是单色图文显示屏。单色图文显示屏多使用红色或橙色 LED 点阵单元。双色图文显示屏和多色图文显示屏,在 LED 点阵的每一个点上布置有两个或多个不同颜色的 LED 器件。换句话说,每种颜色都有自己的显示点阵。显示的时候,各种颜色的显示点阵是分开控制的。

## 6.3.2　LED 图文显示屏的基本结构

　　LED 图文显示屏可以分成屏体和控制器两大部分。

屏体的主要部分是显示点阵,显示点阵现在多采用 8×8 单色或双色显示单元拼接而成。LED 图文显示屏屏体正、反面结构如图 6-20 所示。

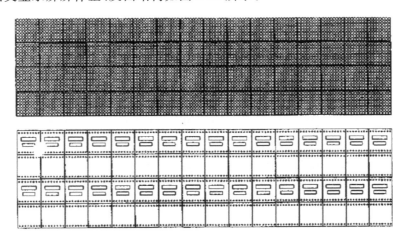

图 6-20　LED 图文显示屏屏体正、反面结构

由于 LED 图文显示屏的显示数据只有 LED 器件通断信息,而不包括灰度信息,因此数据量不大。加上显示内容的更新速度也比较慢,所以上位机和下位机之间的数据传送可以采用串行异步通信方式。图 6-21 所示为 LED 图文显示屏电路结构框图。

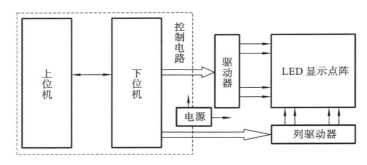

图 6-21　LED 图文显示屏电路结构框图

### 6.3.3　LED 图文显示屏的硬件设计

由于 LED 图文显示屏的控制电路采用单片机方案,控制功能的实现应在硬件和软件两方面进行折中。单片机及相应软件,主要负责存储(或生成)显示数据、安排控制信号的顺序、上位机通信等。单片机的接口数量较少,驱动能力不强,所以必须扩展一定的硬件电路,才能满足显示屏的需要。硬件电路大体上可以分成微机本身的硬件、显示驱动电路、控制信号电路三部分。

**1. 显示驱动电路**

采用扫描方式进行显示时,每行有一个行驱动器,各行的同名列共用一个列驱动器。由行译码器给出行选通信号,从第一行开始,按顺序依次对各行进行扫描(将该行与电源的一端接通)。另一方面,根据各列锁存的数据,确定相应的列驱动器是否将该列与电源的另一端接通。接通的列,就在该行该列点亮相应的 LED 灯;未接通的列所对应的 LED 灯熄灭。当一行扫描结束后,下一行又以同样的方法进行显示。所有行都扫描一遍之后(一个扫描周期),又从第一行开始下一个周期的扫描。

显示数据通常存储在单片机的存储器中。显示时要把一行中各列的数据都传输到相应的列驱动器中,这就存在一个列数据传输方式的问题。从控制电路到列驱动器的数据传输可以采用并行传输方式或串行传输方式。采用并行传输方式时,从控制电路到列驱动器的线路数量多,相应的硬件数量多。当列数很多时,并行传输的方案是不可取的。采用串行传输方式时,控制电路可以只用一根信号线将列数据一位一位地传输到列驱动器中,在硬件方面无疑是十分经济的。但是,串行传输过程较长,数据要经过并行到串行和串行到并行两次变换,首先,单片机从存储器中读出来的 8 bit 并行数据要通过并串变换,按顺序一位一位地传输到列驱动器中。与此同时,列驱动器中每一列都把当前数据传向后一列,并从前一列接收新数据,一直到全部列数据都传输完为止。只有当一行的各列数据都传输到位之后,这一行的各列数据才能并行地进行显示。这样,一行的显示过程就可以分解成列数据准备(传输)和列数据显示两个部分。对于并行传输方式,列数据准备时间很短,一个行扫描周期剩下的时间全部可以用于列数据显示,因此,在时间安排上不存在任何困难。但是,对于串行传输方式,列数据准备时间比较长,在行扫描周期确定的情况下,留给列数据显示的时间就比较短,甚至会影响 LED 灯的亮度。

解决串行传输中列数据准备和列数据显示的时间矛盾问题,可以采用重叠处理的方法,即在显示本行各列数据的同时,准备下一行的列数据。为了达到重叠处理的目的,列数据的显示就需要具有锁存功能。

经过上述分析,可以归纳出列驱动器电路应具备的主要功能。对于列数据准备来说,它应具有串入并出的移位功能;对于列数据显示来说,它应具有并行锁存的功能。

**2. 控制信号电路**

为了使显示屏正常工作,需要有各种控制信号,如行选通信号、与列显示数据有关的信号、行号锁存器打入信号等。此外,在接收上位机发来的显示数据时,由于执行串行通信程序的同时无法兼顾显示程序,所以需要将显示屏关闭,即需要一个清屏信号。

1) 与列显示数据有关的信号

列显示数据是以字节为单位存储的,使用时以 8 bit 并行读出。为了适应列显示驱动电路串行输入的需要,就要进行并串变换。用 74LS165 移位寄存器可以满足这一要求。如图 6-22 所示,74LS165 具有 8 个并行输入端 P0~P7,在移位/置数信号 PL* 为低时,将 8 bit 并行数据打入。当 PL* 为高时,可以在移位时钟信号 CLK1 的作用下进行移位,移位后最高位从 Q7 输出,成为串行数据流。74LS165 的移位时钟信号 CLK1 由单片机控制端口 T1 直接输出。为了使列显示驱动电路的移位信号与从 74LS165 的 Q7 输出的串行数据同步,T1 同时还作为列显示驱动电路的移位脉冲源。

2) 行号锁存器打入信号

由于单片机接口有限,4 bit 的二进制行号和 8 bit 的列显示数据都是从通用 I/O 端口 P1 输出的。其中,列显示数据可以在 74LS165 的 PL* 为低时锁存到其并行输入端。但是,74LS154 译码器不具备锁存功能,所以行号需要专门的锁存器 74LS373。有了锁存器,就需要锁存器打入信号。可利用单片机的无效写操作,通过地址译码产生的信号来打入锁存器。

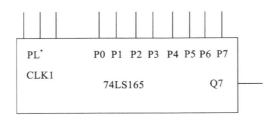

图 6-22　74LS165 移位寄存器

单片机的 EPROM 地址为 0000H～1FFFH,这个地址范围内的写操作是无效的。使用一个 74LS154 译码器,对地址线低 4 bit 进行译码,可以在写 0000H～000FH 单元时产生译码输出。可以定义写 0000H 单元为行号锁存器打入信号。

### 6.3.4　LED 图文显示屏的应用

LED 图文显示屏的应用很广泛,对不同的应用环境和应用要求,可以采用不同的控制方式。下面介绍几种典型的控制方式。

**1. 群显式**

在一些商场和会场,图文显示屏的数量可能很多,并且每个显示屏显示的内容是相同的。这时可以用一台上位机连接多台下位机,由上位机统一进行控制,如图 6-23 所示。通信采用广播方式,由上位机发送信号,各台下位机同时接收信号。当各个图文显示屏需要显示不同的内容时,可以采用对下位机编号的方法进行区别。上位机在发送显示数据之前先发送需要接收显示数据的下位机编号信息,各台下位机在接收编号信息后,判断自己是否应该继续接收后续的显示数据。只有应该接收显示数据的下位机才继续接收显示数据,而其他下位机则对后续数据不予理睬,这样就可以使图文显示屏显示不同的内容。

图 6-23　群显式应用

**2. 红外遥控式**

在有些应用场合,图文显示屏显示的内容比较简单,内容的变化也不频繁。这时可以考虑不要上位机,由各台下位机自己存储若干必需的显示数据,值班人员用红外遥控的方法现场选择显示内容。

**3. 无线遥控式**

在有些应用场合,图文显示屏的布置非常分散,屏与屏之间的距离可能很长。在这种情况下,上位机与下位机之间采用有线方式进行通信是很不经济或者是不现实的,这时可以采取无线遥控的方式进行上位机与下位机之间的通信。

## ■■ 6.4　LED 图像显示屏

### 6.4.1　图像显示

通常所说的图像显示是相对于图形显示而言的。这里所说的图形是指由单一亮度线条组成的画面,它没有灰度的过渡,显示不出颜色的深浅;在色彩方面,也只有给定的几种颜色,没有色彩的过渡。而图像显示屏则是指那些具有灰度显示功能的系统,它所显示的画面更生动、更逼真。

在数字化系统中,灰度控制的能力用灰度级来表示。灰度级是指可以进行控制的灰度等级的多少。对于彩色显示屏来说,每一种基色的灰度级数目 $G$ 确定之后,可以组合出的色彩总数是 $G^3$。

图像显示中的另一个问题是所显示的图像是静止的还是运动的。对于静止图像的显示,在显示数据的准备方面要求不严,只要能够反映出画面的灰度级就可以了。对于运动图像的显示,除了要求正确显示相应的灰度级之外,图像的更新速度必须满足运动连续、无闪烁的要求,这样每一帧的图像显示数据的准备与传输都必须跟得上图像更新的速度才行。

### 6.4.2　灰度控制方法

在 LED 图像显示屏中,灰度控制就是对 LED 发光强度的控制。对于 LED,灰度控制方法主要有两种,即正向电流控制法和占空比控制法。

**1. 正向电流控制法**

LED 的法向发光强度与正向电流之间存在着对应关系,如图 6-24 所示。从图 6-24 中可以看出,GaAsP(N)黄色 LED 和 GaP(N)绿色 LED 的法向发光强度与正向电流之间呈线性关系,GaP(Zn-O)红色 LED 的法向发光强度随着正向电流增大而增大。因此,对 LED 发光强度的控制,就可以转换成对 LED 的正向电流的控制。改变电源电压或者改变负载电阻,都可以调节 LED 的正向电流,从而对其发光强度进行控制。

**2. 占空比控制法**

在一定的扫描频率下,LED 的亮度还可以用发光时间 $t_M$ 与扫描周期 $T$ 的比值(占空比)来控制。在 LED 的正向电流相同的情况下,发光时间越长,发光能量越大。只要周期性扫描的速度足够快,人眼就发觉不了一个周期内不发光的部分(即无闪烁现象),只是感觉 LED 的亮度更高。调节占空比就是调节发光时间的长短。

### 6.4.3　运动图像的显示

对于运动图像的显示,在技术上需要解决一系列问题,其中比较重要的就是视频信号处理和显示终端的分辨率等问题。

**1. 视频信号处理**

从复合全电视信号到分量数字视频信号,这一过程是 LED 图像显示屏必备的一个核心

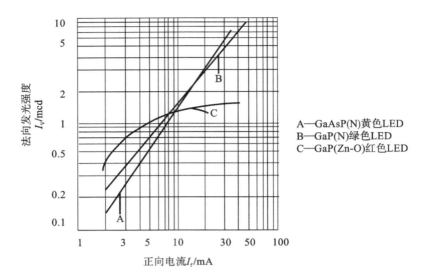

图 6-24　LED 法向发光强度与正向电流的关系

环节,它对图像显示屏最终的图像分解力起着至关重要的作用。通常,实现这一过程有下面两种途径。

(1) 先对输入的复合全电视信号进行解码,得到一组分量模拟视频信号,再对分量模拟视频信号进行模/数转换,最终得到分量数字视频信号。复合全电视信号中包含一个亮度信号 Y 和两个色差信号 FU、FV。运用频谱搬移技术实现频谱间置,使它们共用一个频带。在电视接收端如何进行亮/色分离和 FU、FV 分离是影响图像分解力的关键。

(2) 先对复合全电视信号进行模/数转换,得到复合数字视频信号(复合编码),然后采用数字方式进行解码,得到分量数字视频信号。

**2. 显示终端的分辨率**

根据人眼的视觉特性,运用图像处理技术,推出了一系列的像素排列方法及信号处理技术,在不提高物理像素密度的前提下,可提高显示终端的分辨率。

1) 像素共享技术

像素共享技术又称为像素复用技术,是指显示终端的一个完整的独立像素以时分复用方式被信号源中多个相邻像素的信息循环刷新,可理解为信号源中的多个像素以时分复用方式共享显示终端的一个完整的独立像素。

优点:重现像素密度可提高 4 倍,信噪比可提高 3 dB 以上,从而提高显示屏的图像分解力。

不足:由于每一个像素以时分复用方式循环扫描相邻四个像素的信息,因此在显示单笔画的文字时会出现字迹不清晰现象。

适用场所:像素共享技术适用于物理像素数在 60 000～110 000 范围内的图像显示屏。

2) 虚拟像素技术

虚拟像素技术又称为 LED 复用技术或像素分解技术,是指将一个像素拆分为若干个彼此独立的 LED 单元,每一个 LED 单元以时分复用的方式再现若干个相邻像素的对应基色信息。

优点:物理像素密度可提高 4/3,动态像素密度可提高 4 倍,有效视觉像素密度最大可提高 2 倍。

　　不足:该技术由于采用了 LED 等间距均匀分布方式,因此组成各个像素的 LED 之间的间距呈现出最大离散状态。与 LED 集中分布方式相比,像素的混色性能呈现出最差状况。在物理亮度相同的情况下,显示屏的视觉亮度呈现出最弱状况。由于对每一只 LED 采用时分复用方式循环扫描相邻四个像素的信息,因此在显示单笔画的文字时会出现字迹不清晰现象。

　　适用场所:虚拟像素技术适用于观看距离大于显示屏物理像素间距 2 431 倍,并且全屏物理像素数少于 60 000 的图像显示屏。

# 第 7 章　太阳能LED照明系统

在能源短缺,环境污染日益严重的今天,充分开发并利用太阳能是世界各国政府可持续发展的能源战略决策。太阳能 LED 照明系统因为具有不用专人管理和控制、无须架设输电线路或挖沟铺设电缆、可以很方便地安装在很多地方(如广场、校园、公园、街道等)等多方面的优点而越来越受重视。

## 7.1　太阳能 LED 照明系统介绍

### 7.1.1　太阳能 LED 照明系统的特点

众所周知,太阳能光伏发电具有清洁无污染、不受地域限制、获取能源花费时间短等特点,LED 光源也因其环保、节能等优势成为未来理想的照明光源,而太阳能 LED 照明系统将两者的优点进一步完美地结合起来,因此更具有优势和发展潜力,具体表现在以下几个方面。

**1. 环保更明显**

太阳能 LED 照明系统的能量由太阳能电池组件提供,通过光伏效应将太阳能转化为电能后再提供给 LED 使用。太阳能光伏发电不会对环境造成污染,LED 光源不存在汞等材料污染,太阳能 LED 照明系统将两者的环保优点有效地结合了起来,既不会对环境造成威胁,也不存在材料污染的问题。

**2. 节能更突出**

太阳能 LED 照明系统使用太阳能电池组件发电,不用燃料,而且选用 LED 作为光源,在同样的照明亮度下,其耗电量仅为白炽灯的 1/8。在天然气、煤炭等能源供应日益紧张的今天,太阳能 LED 照明系统巨大的节能价值无疑为它的发展提供了光明的前景。

**3. 能源利用率更高**

太阳能电池组件直接将太阳能转化为电能,再通过并联、串联等方式匹配对应的蓄电池就可以得到 LED 所需要的电压。与传统供电方式相比,太阳能 LED 照明系统既不需要进行 AC/DC 转化,也不需要进行管线布置,因此可以获得较高的能源利用率,并且更具有安全性和经济性。

**4. 安装更方便**

每一个太阳能 LED 灯具都有独立的电源,不需要进行电力设计、电力增容,安装、使用都更加方便。

## 7.1.2　太阳能 LED 照明系统的结构

LED 光源被认为是 21 世纪最有价值的新光源,它逐渐取代白炽灯和日光灯成为照明市场的主导,使照明技术面临着一场新的革命,也在一定程度上改善了人类的生产和生活方式。

目前照明消耗约占整个电力消耗的 20%,大幅降低照明用电是节约能源的重要途径。开发和应用高效、可靠、安全、使用寿命长的新型节能光源势在必行。一般的太阳能 LED 照明系统主要由太阳能电池阵列、控制器、蓄电池组、DC/DC 变换器、驱动电路、LED 光源组成,其结构框图如图 7-1 所示。

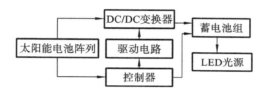

**图 7-1　太阳能 LED 照明系统结构框图**

太阳能 LED 照明系统在白天通过太阳能电池阵列采集太阳光的能量,并将其转化为电能储存起来,在晚上点亮 LED 用于照明,是现代化绿色环保节能产品。在进行系统设计时应考虑到阴雨天气,把平时多余的电能储存到蓄电池组内,确保阴雨天有足够的电能使用。

**1. 太阳能电池阵列**

太阳能电池阵列由许多太阳能电池组件串、并联而成,太阳能电池组件一般由单晶硅、多晶硅、非晶硅或其他类型的太阳能电池组成。一般来说,由于太阳能电池阵列多由半导体器件构成,所以其伏安特性具有强烈的非线性。

**2. DC/DC 变换器**

DC/DC 变换器是太阳能 LED 照明系统的关键组成部分,它可以将固定的直流电压变换成可变的直流电压。在该环节中,由于太阳能电池阵列具有强烈的非线性,通过控制开关闭合和断开的时间就可以控制输出电压。如果通过检测输出电压来控制开关闭合与断开的时间,保持输出电压不变,就达到了稳压的目的。

**3. 驱动电路**

驱动电路的主要作用是对输出的控制信号进行放大,产生满足 LED 器件正常工作要求的驱动电压。

**4. 蓄电池组**

蓄电池组一般由一定数量的铅酸蓄电池串、并联而成,其容量的选择应与太阳能电池阵列的容量相匹配。该部分的主要作用是储存太阳能电池阵列所产生的电能,以备不时之需。

**5. 控制器**

控制器的基本作用是为蓄电池提供最佳的充电电流和电压,快速、平稳、高效地为蓄电池充电,并在充电过程中减少损耗,尽量延长蓄电池的使用寿命,同时保护蓄电池,避免过充电和过放电现象的发生。如果用户使用的是直流负载,通过控制器可以为负载提供稳定的直流电(由于天气原因,太阳能电池阵列所产生的直流电的电压和电流不是很稳定)。

为了保证太阳能电池阵列在任何日照和环境温度下始终以相应的最大功率输出,引入了太阳能电池最大功率点跟踪控制策略,在芯片内部写上由程序构成的控制软件,配合外围的相关电路完成主要的控制功能。

**6. LED 光源**

在太阳能 LED 照明灯具中,发光体所使用的 LED 数量从一个到上千个不等,一定数量的 LED 组合成一个发光体时,其排列和组合是一个非常重要的问题,即 LED 的排列和组合会影响整体的亮度。在 LED 的排列组合上应依据光学原理及数学模型,使亮度辐射范围大且均匀,并使得单位面积 LED 的数量少,以降低成本。

## 7.1.3 太阳能 LED 照明系统的发展前景与存在的障碍

**1. 太阳能 LED 照明系统的发展前景**

太阳能作为一种新兴的绿色能源,以其无可比拟的优势得到了迅速的推广和应用。作为第四代光源,太阳能 LED 照明灯具在城市亮化美化、道路照明、庭院照明、室内照明以及其他领域的照明和应用中得到了有效的利用。尤其是在偏远无电地区,太阳能 LED 照明灯具更具有广泛的应用前景。

一般人认为,节能灯可节能 80% 是伟大的创举,但 LED 比节能灯还要节能 25%,这是固体光源伟大的革新。除此之外,LED 还具有光线质量高、无辐射、可靠耐用、维护费用极为低廉等优势,属于典型的绿色照明光源。

超高亮度 LED 的研制成功,大大降低了太阳能灯具的使用成本,并且具有保护环境、安装简便、操作安全、经济节能等优点。由于 LED 具有发光效率高、发热量低等优势,LED 已经越来越多地应用在照明领域,并呈现出取代传统照明光源的趋势。

不仅如此,太阳能是一种清洁的可再生能源,使用太阳能 LED 照明系统,不仅可以节约电能,而且可以减少二氧化碳的排放,这对保护环境非常有利。

在我国西部,非主干道太阳能路灯、太阳能庭院灯渐成规模。随着太阳能灯具的大力发展,绿色照明必定会成为一种趋势。

**2. 太阳能 LED 照明系统发展存在的障碍**

当前太阳能 LED 照明系统有许多需要改进和完善的地方,这在一定程度上影响了该系统功能的充分发挥和利用,主要表现在以下几个方面。

(1) 太阳能电池的光电转化效率较低,影响了太阳能 LED 照明系统的效率。太阳能 LED 照明系统中 LED 的驱动电能主要由太阳能电池组件提供,而目前太阳能电池的光电转化效率普遍都比较低。所有种类中光电转化效率最高的是单晶硅太阳能电池,其光电转化效率一般为 15% 左右,最高虽可达 24%,但是制作成本太高。多晶硅太阳能电池的制作成本较低,但它的光电转化效率只有 12% 左右。非晶硅太阳能电池在弱光条件下也能发电,但是其光电转化效率只有 10% 左右,且其光电转化效率会随时间的延长逐渐降低。综上所述,太阳能电池的光电转化效率偏低,成为严重影响太阳能 LED 照明系统效率的主要原因之一。

（2）LED 的发光效率制约了太阳能 LED 照明系统的发光性能。LED 作为太阳能 LED 照明系统的光源，其发光效率直接影响整个系统的发光性能。LED 的发光效率由内量子效率、外量子效率等因素共同决定。当前，LED 内部存在非辐射缺陷引起的自发极化和压电效应，这会导致 LED 的发光效率降低。另外，LED 中无法及时散出的热量引起结温升高也是 LED 发光效率降低的主要原因。改善 LED 的性能，提高 LED 的发光效率成为普及太阳能 LED 照明系统所要解决的关键问题之一。

（3）成本高是普及太阳能 LED 照明系统的主要障碍。由于太阳能发电的成本及 LED 光源的成本都比较高，所以太阳能 LED 照明系统的成本偏高，这是普及太阳能 LED 照明系统的主要障碍。

（4）蓄电池是太阳能 LED 照明系统中最薄弱的环节，影响着照明系统的使用寿命。太阳能 LED 照明系统中常用的单晶硅太阳能电池的使用寿命可达 25 年，LED 光源的使用寿命理论上可达 100 000 小时，而普通蓄电池的使用寿命一般为 2～3 年，储能电容的使用寿命虽然可达 10 年以上，能在一定程度上解决这个问题，但储能电容的价格十分昂贵。蓄电池成为太阳能 LED 照明系统应用亟须解决的关键问题之一。

# 7.2　太阳能 LED 照明系统设计

## 7.2.1　太阳能 LED 照明系统设计原则

### 1. 容量设计和硬件设计

太阳能 LED 照明系统的设计包括两个方面：容量设计和硬件设计。太阳能 LED 照明系统容量设计的主要目的是计算出太阳能 LED 照明系统在全年内可靠工作所需的太阳能电池组件和蓄电池的容量，同时要注意协调太阳能 LED 照明系统工作的最大可靠性和成本两者之间的关系，在满足最大可靠性的基础上尽量降低太阳能 LED 照明系统的成本。太阳能 LED 照明系统硬件设计的主要目的是根据实际情况选择合适的硬件设备，包括太阳能电池组件的选型、支架设计、控制器的选择、蓄电池的选择、LED 灯具的设计、防雷设计等。在进行太阳能 LED 照明系统设计时需要综合考虑容量设计和硬件设计两个方面。对于不同类型的太阳能 LED 照明系统，设计和考虑的重点会有所不同。总的来说，所设计的太阳能 LED 照明系统应具有先进性、完整性、可扩展性、智能化等特点，以保证系统安全、可靠、经济。

（1）先进性。随着国家对可再生能源的日益重视，开发利用可再生能源已经是新能源战略的发展趋势。根据当地的日照条件、用电负载的特性，选择利用太阳能设计太阳能 LED 照明系统，既节能环保，又能避免采用市电铺设电缆的巨大投资，是具有先进性的照明系统解决方案。

（2）完整性。太阳能 LED 照明系统应具有完整的控制系统、储能系统、防雷接地系统等。

（3）可扩展性。随着太阳能 LED 照明技术的快速发展，太阳能 LED 照明系统的功能会越来越强大。这就要求太阳能 LED 照明系统能适应系统的扩充和升级,太阳能 LED 照明系统的太阳能电池组件应采用模块化结构,在系统需要扩充时可以直接并联加装太阳能电池组件模块,控制器也应采用模块化结构,在系统需要升级时,可直接对系统进行模块扩展,使太阳能 LED 照明系统具有良好的可扩展性。

(4)智能化。所设计的太阳能 LED 照明系统在使用过程中应不需要任何人工操作,控制器应当能根据太阳能电池组件和蓄电池的容量自动控制负载端的输出。所设计的太阳能 LED 照明系统还应能实时采集主要设备的状态数据并上传至控制中心,通过计算机分析,实时掌握设备的工作状态,对于工作状态异常的设备要发出故障报警信息,以使维护人员及时排除故障,保证系统的可靠性。

**2. 太阳能 LED 照明系统的设计思路**

太阳能 LED 照明系统的设计思路是,首先根据负载的用电量确定太阳能电池组件的容量,然后确定蓄电池的容量,再进行电气、光源设计和设备选型,最后进行系统的结构设计。设计过程中要确保太阳能 LED 照明系统运行的稳定性和可靠性。在设计时,需要注意以下事项。

(1)太阳照在太阳能电池阵列上的辐射光的光强受到大气层厚度、地理位置、气象、地形等因素的影响,其辐射量在一日、一月和一年内都有很大的变化,甚至每年的总辐射量也有较大的差别。设计太阳能 LED 照明系统时,应了解太阳能 LED 照明系统使用地区的经度、纬度、气象情况,以及日光辐射情况,根据这些资料可以确定太阳能电池组件的倾角与方位角。

(2)太阳能 LED 照明系统的用途不同,其用电时间、对可靠性的要求也不相同。太阳能电池阵列的输出功率直接影响着整个系统的运行参数。太阳能电池阵列的光电转化效率受到太阳能电池本身的温度、光强和蓄电池浮充电压的影响,而这三者在一天内都会发生变化,所以太阳能电池阵列的光电转化效率为变量,太阳能电池阵列的输出功率也随着这些因素的改变而出现一些波动。

(3)太阳能 LED 照明系统的工作时间,是决定太阳能电池组件容量的核心参数,通过确定工作时间,可以初步确定负载的功耗和太阳能电池组件的容量。

(4)太阳能 LED 照明系统使用地区的连续阴雨天数决定了蓄电池容量的大小及阴雨天过后恢复蓄电池容量所需要的太阳能电池组件的容量。

(5)蓄电池工作在浮充电状态下,其电压随着太阳能电池阵列发电量和负载用电量的变化而变化。蓄电池提供的能量还受环境温度的影响。

(6)控制器、LED 驱动器由电子元器件组成,它们运行时的能耗会影响照明系统的工作效率。控制器、LED 灯具的性能又会影响能耗的大小,从而影响照明系统的工作效率。

**3. 太阳能 LED 照明系统匹配设计**

匹配设计是关系到太阳能 LED 照明系统可靠性和稳定性的重要因素,要引起重视。一般来说,主要应考虑以下几个方面。

(1)太阳能电池阵列发电量和负载用电量配比合理。

(2)负载用电量和蓄电池容量配比应满足连续阴雨天数要求,且放电深度合理。

(3)太阳能电池充电电流和蓄电池容量配比合理。

(4)负载放电电流与蓄电池容量配比合理。

通过对太阳能 LED 照明系统进行优化设计,可提高系统的能源利用效率,主要有以下几种方法。

(1) 合理选择太阳能电池组件的安装位置与倾角。

(2) 选择优质的控制器、LED 驱动器和相应的电气附件。

(3) 选择能耗低的控制元器件。

(4) 在太阳能电池组件前加聚光板,最大限度地吸收太阳光辐射的能量。

(5) 对影响系统工作效率的因素进行修正。温度升高会使太阳能电池的工作电压减小,工作电流增大,并使输出功率减小;温度上升或下降超过一定限度会使蓄电池的蓄电能力、放电能力明显下降;温度变化还会使控制电路工作点或控制点的电压产生漂移;天气、季节等因素也会影响太阳能电池阵列的发电量。在设计太阳能 LED 照明系统时,应对这些影响系统工作效率的因素进行修正,从而确定系统较准确的工作效率。

在对太阳能 LED 照明系统进行优化设计时,应注意以下问题。

(1) 蓄电池的容量要与太阳能电池组件的参数相匹配。只提高蓄电池的容量,而太阳能电池组件的峰值功率没有相应提高,这种设计达不到增加连续阴雨天工作天数的目的。

(2) 不要盲目追求保证连续阴雨天的工作天数。市场上有的太阳能 LED 路灯可保证 15 天的连续阴雨天数,这意味着太阳能电池组件的峰值功率比连续阴雨天数为 5 天时要高 $50\%\sim80\%$,蓄电池容量也要增加,这样既不经济,也没有必要,通常保证 3~5 天的连续阴雨天数是比较经济合理的。

(3) 不要用传统路灯的标准来衡量太阳能 LED 路灯。太阳能 LED 路灯的低能耗、低工作电压和太阳能电池组件的低输出功率、低输出电压之间的匹配是十分理想的,而传统的路灯不可避免地存在充放电,电路中要增加逆变电路,逆变电路要消耗 20% 的电能。另外,太阳能 LED 路灯会受到太阳能年分布的不均匀性的影响,所以用传统路灯的标准来衡量太阳能 LED 路灯是不合适的。

## 7.2.2　太阳能 LED 照明系统设计方法

### 1. 太阳能 LED 照明系统设计方法 1

(1) 确定负载功耗。

$$W = \sum I \times h \tag{7-1}$$

式中:$I$ 为负载电流;$h$ 为负载工作时间。

(2) 确定蓄电池容量。

$$C = W \times d \times 1.3 \tag{7-2}$$

式中:$d$ 为连续阴雨天数。

(3) 确定方阵倾角。方阵倾角与当地纬度的关系如表 7-1 所示。

表 7-1　方阵倾角与当地纬度的关系

| 当地纬度 $\Phi$ | $0°\sim15°$ | $15°\sim20°$ | $20°\sim30°$ | $30°\sim35°$ | $35°\sim40°$ | $>40°$ |
|---|---|---|---|---|---|---|
| 方阵倾角 $\beta$ | $15°$ | $\Phi$ | $\Phi+5°$ | $\Phi+10°$ | $\Phi+15°$ | $\Phi+20°$ |

(4) 计算方阵倾角为 $\beta$ 时的辐射量。

$$S\beta = S \times \sin(\alpha + \beta)/\sin\alpha \qquad (7\text{-}3)$$

式中：$S\beta$ 为太阳直接辐射分量；$S$ 为水平面太阳直接辐射量（查阅气象资料）；$\alpha$ 为中午时太阳高度角，$\alpha = 90° - \Phi \pm \delta$ [$\Phi$ 为纬度，$\delta$ 为太阳赤纬（北半球取加号，南半球取减号）]。

$$R\beta = S \times \sin(\alpha + \beta)/\sin\alpha + D \qquad (7\text{-}4)$$

式中：$R\beta$ 为方阵面上的太阳总辐射量；$D$ 为散射辐射量（查阅气象资料）。

(5) 计算太阳能电池方阵电流。

$$I_m = W/(T_m \times \eta_1 \times \eta_2) \qquad (7\text{-}5)$$

式中：$I_m$ 为太阳能电池方阵电流；$T_m$ 为平均峰值日照时数，$T_m = H_T/100$（$H_T = R\beta$）；$\eta_1$ 为蓄电池充电效率；$\eta_2$ 为方阵表面灰尘遮散损失。

(6) 确定太阳能电池方阵的工作电压。太阳能电池方阵在任何季节的工作电压应满足

$$V = V_F + V_d \qquad (7\text{-}6)$$

式中：$V_F$ 为蓄电池浮充电压（25 ℃）；$V_d$ 为线路损耗引起的电压降。

(7) 确定太阳能电池方阵的输出功率。由于温度升高时，太阳能电池方阵的输出功率会下降，所以要求即使在最高温度下也能确保其正常运行。在标准测试温度（25 ℃）下，太阳能电池方阵的输出功率应为

$$P = I_m \times V/[1 - k(t_{max} - 25)] \qquad (7\text{-}7)$$

式中：$k$ 为太阳能电池功率的温度系数，对一般的硅太阳能电池，$k = 0.5\%$；$t_{max}$ 为最高工作温度。

**2. 太阳能 LED 照明系统设计方法 2**

(1) 确定安装地点的日照量 $Q'$。为了尽可能多接收日光，太阳能电池方阵通常是按一定的倾角安装的，一般根据纬度设置方阵倾角。

$$Q' = Q \times K_m \times 1.16 \times [\cos|(\Phi - \beta - \delta)|/\cos|(\Phi - \delta)|] \qquad (7\text{-}8)$$

式中：$Q$ 为水平面的月平均日照量；$K_m$ 为日照修正系数，一般为 0.9；1.16 为单位变换系数；$\Phi$ 为安装地点的纬度；$\beta$ 为太阳能电池方阵的倾角（相对于水平面）；$\delta$ 为太阳的月平均赤纬。

(2) 确定负载的消耗功率。负载的消耗功率按负载的日平均消耗功率计算，为了计算日平均消耗功率，必须了解负载的使用时间。日平均消耗功率可按下式计算：

$$P_L = [P_1 \times h_1 + P_2 \times h_2 + \cdots + P_n \times h_n]/24 \qquad (7\text{-}9)$$

式中：$P_L$ 为负载的日平均消耗功率；$P_n$ 为负载某时段的消耗功率；$h_n$ 为负载的使用时间。

(3) 确定太阳能电池组件的容量 $P_m$。

$$P_m = 2400/Q'_{min} \times P_L \times 1 \times K \qquad (7\text{-}10)$$

式中：$Q'_{min}$ 为安装地点日照量 $Q'$ 的年最小值；$P_L$ 为负载的日平均消耗功率；$K$ 为系数，$K = K_1 \times K_2 \times K_3 \times K_4 \times K_5 \times K_6 \times K_7 \times K_8 \times K_9$ [$K_1$ 为充电效率，一般为 0.97；$K_2$ 为太阳能电池组件脏污系数，一般为 0.9；$K_3$ 为太阳能电池组件温度补正系数，一般为 0.9；$K_4$ 为直并联接线损失系数；$K_5$ 为最佳输出补正系数，一般为 0.9；$K_6$ 为蓄电池充放电效率，一般为 0.9；$K_7$ 为变换器效率（视容量和设备而定）；$K_8$ 为驱动器效率（视容量和设备而定）；$K_9$ 为 DC 线损率，一般为 0.95]。

(4) 确定蓄电池容量 $C$。

$$C = P_L \times 24 \times d/(K_b \times V) \qquad (7\text{-}11)$$

式中：$d$ 为连续阴雨天数，一般为 3～7 天；$K_b$ 为安全系数；$V$ 为系统电压。

# 7.3　太阳能 LED 庭院灯

## 7.3.1　太阳能 LED 庭院灯的系统结构、工作原理及特点

### 1. 太阳能 LED 庭院灯的系统结构

太阳能 LED 庭院灯及其基本构造如图 7-2 和图 7-3 所示。

图 7-2　太阳能 LED 庭院灯

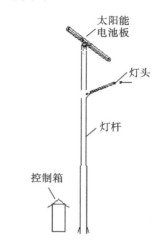

图 7-3　太阳能 LED 庭院灯的基本构造

太阳能 LED 庭院灯由太阳能电池板、灯头、控制箱和灯杆几部分构成。灯头部分以 1 W 白光 LED 集成于印制电路板上排列为一定间距的点阵作为平面发光源。控制箱箱体以不锈钢为材质,美观耐用,控制箱内放置免维护铅酸蓄电池和充放电控制器。许多太阳能 LED 庭院灯选用阀控密封式铅酸蓄电池,由于其维护很少,故又被称为"免维护蓄电池",有利于系统维护费用的降低。充放电控制器在设计上一般兼顾光控、时控、过充电保护、过放电保护和反接保护等功能。

### 2. 太阳能 LED 庭院灯的工作原理

太阳能 LED 庭院灯的工作原理比较简单,白天太阳能电池板接收太阳辐射能并转化为电能输出,经过充放电控制器储存在蓄电池中,夜晚当照度逐渐降低到一定程度时,充放电控制器检测到低于设定电压值后动作,蓄电池对灯头放电,开始照明。蓄电池放电到设定时间后,充放电控制器动作,切断灯头供电电路,使灯头熄灭,蓄电池放电结束。图 7-4 所示为太阳能 LED 庭院灯工作原理框图。

### 3. 太阳能 LED 庭院灯的特点

(1) 节能:以太阳能光电转换提供电能,取之不尽,用之不竭;

(2) 环保:无污染,无噪声,无辐射;

(3) 安全:一般不会发生触电、火灾等意外事故;

(4) 方便:安装简单,不需要架线,也不会有停电限电顾虑;

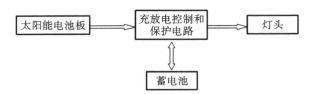

图 7-4　太阳能 LED 庭院灯工作原理框图

（5）使用寿命长：科技含量高，控制系统采用智能化设计，质量可靠；

（6）投资少：一次投资，长期使用；

（7）适用范围广：凡是有日照的地方都可以使用，特别适合于绿地景观灯光配备、高档次住宅室外照明、旅游景点海岸景观照明、工业开发区室外照明，以及各大院校室外照明。

## 7.3.2　太阳能 LED 庭院灯的设计

### 1. 太阳能电池板倾角设计

在正午时刻，为了使阳光垂直照射在太阳能电池板上，在安装时太阳能电池板与水平面之间要有一定的角度，通常称太阳能电池板与水平面的夹角为倾角。图 7-5 所示为太阳能电池板与水平面角度关系。根据几何学原理，欲使阳光垂直照射在太阳能电池板上，太阳能电池板的倾角应该按下式计算：

$$倾角＝90°－仰角$$

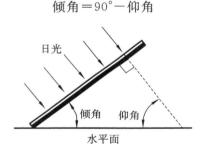

图 7-5　太阳能电池板与水平面角度关系

为了优化太阳能电池板接收日光的性能，太阳能电池板的倾角应等于当地纬度。当倾角等于当地纬度时，投射在太阳能电池板上的平均日照强度最高。此外，太阳能电池板倾角的设计还要考虑到太阳高度角的周期性变化。在河南地区，太阳能电池板最理想的倾角是 40°左右，方向为正南方。

### 2. 热岛效应

单片太阳能电池一般是不能使用的，实际使用的是太阳能电池组件。太阳能电池组件是由多片太阳能电池组合而成的，用以达到期望的电压值。太阳能电池组件在使用过程中，如果有一片太阳能电池被树叶、鸟粪等遮挡，这片被遮挡的太阳能电池在强烈阳光的照射下就会发热损坏，整个太阳能电池组件也会随之损坏。这就是热岛效应。为了防止热岛效应，一般将太阳能电池倾斜放置，使树叶等不能附着，同时在太阳能电池组件上安装防鸟针。

### 3. 控制器的设计

太阳能灯具无论大小，一个性能良好的充放电控制电路都是必不可少的。为了延长蓄电池的使用寿命,必须对它的充放电条件加以限制,防止蓄电池过充电及过放电。由于太阳能光伏发电系统的输入能量极不稳定,所以太阳能光伏发电系统中对蓄电池充电的控制要比对普通蓄电池充电的控制要复杂一些。对于太阳能 LED 庭院灯的设计,没有一个性能良好的充放电控制电路,就不可能有一个性能良好的太阳能灯具。

充电过程一般分为主充、均充和浮充三个阶段,有时在充电末期还有以微小充电电流长时间持续充电的涓流充电。主充一般是快速充电,例如两阶段充电、变流间歇式充电和脉冲式充电都是现阶段常见的主充模式。铅酸蓄电池深度放电或长期浮充后,串联的单体蓄电池的电压和容量都可能出现不平衡现象。为了消除这种不平衡现象而进行的充电叫作均衡充电,简称均充。为了防止蓄电池过充电,在蓄电池充电至 90% 后,转为浮充(恒压充电)模式。为了防止可能出现的蓄电池充电不足,在此之后还可以加上涓流充电,其充电比较彻底。

1）电源电路

太阳能 LED 庭院灯通常采用单片机来完成对系统的控制,对单片机等芯片的供电电源质量要求比较严格,因为蓄电池的端电压会随着充放电的深度而变化,所以不能直接从蓄电池取电为芯片供电,而要设计一个为芯片供电的电路。三端集成稳压器具有工作稳定、电路简单等优点,因此得到了广泛的应用。电源直接从蓄电池取电,经过 LM7805 稳压后,为所用的芯片提供 5 V 的工作电压。电源电路如图 7-6 所示。

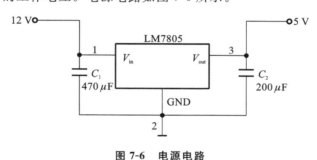

图 7-6　电源电路

2）充电控制电路

过充电控制就是在蓄电池处于过充电状态时断开充电电路,以免影响蓄电池的使用寿命。

充电控制电路如图 7-7 所示。在电路中,$D_1$ 可以防止蓄电池对太阳能电池反向充电。一般来说,为了防止反向充电,可以在太阳能电池回路中串联一个二极管,这个二极管应该是肖特基二极管,肖特基二极管的压降比普通二极管低,它可以保护太阳能电池和蓄电池不被损坏。充电控制原理为:由单片机的输出口 P2.6 经过放大控制场效应管 50N06,根据单片机采集的电压对 50N06 进行脉冲宽度调制,从而实现对蓄电池的充电控制。

3）放电控制电路

过放电控制就是在蓄电池处于过放电状态时断开放电电路。过充电、过放电控制都是为了保护蓄电池,延长蓄电池的使用寿命。放电控制原理和充电控制原理一样,由单片机的输出口 P2.7 经过放大控制场效应管 50N06,根据单片机采集的电压对 50N06 进行脉冲宽度调制,从而实现对蓄电池的放电控制。

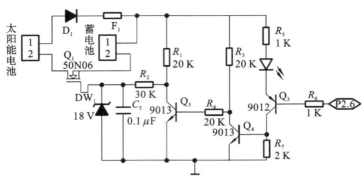

图 7-7　充电控制电路

4）软件设计

软件设计主要包括光线强弱的判断、蓄电池电压的检测、充电控制、放电控制等。典型程序流程如图 7-8 所示。

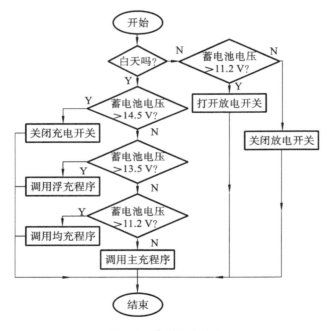

图 7-8　典型程序流程

## 4. 抗风设计

在太阳能 LED 庭院灯系统中,结构上需要非常重视的一个问题就是抗风设计。抗风设计主要包括两个方面,一方面是太阳能电池组件支架的抗风设计,另一个方面是灯杆的抗风设计。

根据太阳能电池组件厂家提供的技术参数资料,太阳能电池组件可以承受的最大风压为 2700 Pa。当风速为 27 m/s(相当于十级风)时,太阳能电池组件承受的风压只有 365 Pa,所以太阳能电池组件本身是完全可以承受 27 m/s 的风速而不至于损坏的。因此,设计中主要考虑的是太阳能电池组件支架与灯杆的连接强度。

## 7.4  太阳能 LED 交通信号灯

### 7.4.1  太阳能 LED 交通信号灯系统的组成

太阳能 LED 交通信号灯系统采用"光伏＋储能"的模式,是一种典型的独立太阳能发电系统。白天日照充足时,太阳能电池发电,给蓄电池充电,晚上蓄电池放电,向信号灯提供电能。太阳能 LED 交通信号灯最显著的特点是安全、环保、节能,不需要铺设复杂、昂贵的管线,无须人工操作,自动运行。太阳能 LED 交通信号灯系统一般由太阳能电池板、蓄电池充放电控制器、免维护铅酸蓄电池、信号灯控制器、信号机控制模块、GPS 信号接收机模块、无线通信模块等组成,如图 7-9 所示。

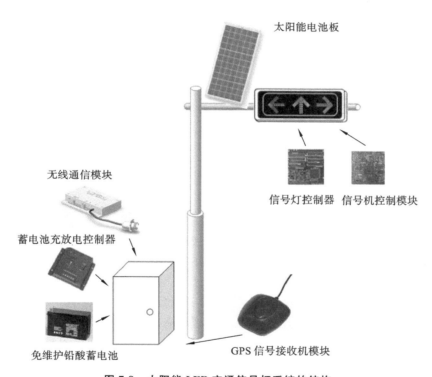

图 7-9  太阳能 LED 交通信号灯系统的结构

### 7.4.2  交通信号灯的选定

交通信号灯的选定应该从以下几方面考虑:日平均功耗、当地连续阴雨天数、蓄电池容量及成本、太阳能电池组件发电功率、重量。交通信号灯通常有横式和竖式两种,如图 7-10所示。

图 7-10　横式和竖式交通信号灯

### 7.4.3　免维护铅酸蓄电池的选定

因为免维护铅酸蓄电池具有免维护、对环境污染小等特点,所以它非常适合于性能可靠的太阳能电源系统。

蓄电池的容量计算对保证连续供电很重要。在一年内,太阳能电池组件发电量各月份有很大差别。在太阳能电池组件发电量不能满足用电需要的月份,需要靠蓄电池储存的电能给予补充;在太阳能电池组件发电量超过用电需要的月份,需要靠蓄电池将多余的电能储存起来。同样,连续阴雨天期间负载用电也必须从蓄电池取得。这些都是确定蓄电池容量的依据。

### 7.4.4　信号灯控制器的设计

以十字路口实行两相位或四相位控制,安装四套多相位信号灯为例,每套信号灯中安装的控制器,均是将信号灯控制器与信号机控制模块合二为一的控制设备。四个控制器中,一个为主控制器,其余三个为副控制器,如图 7-11 所示。控制器具有以下特点。

（1）主控制器采用的是单点多时段变周期控制方案。主控制器在不同时段,根据交通流特点选用不同的交通控制配时方案,以适应高峰和低峰时段的交通需求。

（2）主、副控制器均采用 51 系列或 PIC 系列单片机芯片,主、副控制器之间具有同步相位协调通信功能。

（3）主控制器能够监视副控制器并做好故障记录。

（4）四个控制器中的任意一个控制器出现故障,主控制器将强制关断或启动黄闪功能。

（5）具有避雷及漏电保护功能。

（6）具有定周期无线时钟校准功能,可以保证各信号灯之间实现无线同步协调运行。

（7）具有信号冲突检测功能。

### 7.4.5　GPS 信号接收机模块的选定

GPS 信号接收机模块（见图 7-12）主要用于时钟校准,以此来保证主、副控制器的时钟

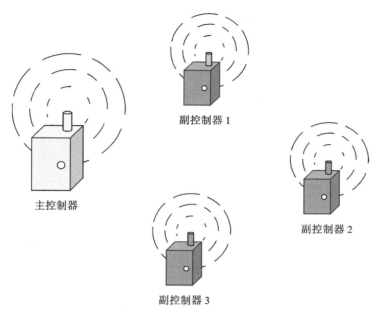

**图 7-11　信号灯控制器**

完全同步。GPS 信号接收机模块技术目前比较成熟,选择空间较大,常见的为美国某公司生产的 HOLUX GR-88 模块,它可以满足专业定位、定时的严格要求。

**图 7-12　GPS 信号接收机模块**

## 7.4.6　无线通信模块的选定

无线通信模块技术目前比较成熟,选择空间较大,国内多选用北京捷麦通信器材有限公司生产的 F21 系列无线通信模块,其特点如下。

(1) 透明式数据传输,无须改变原有的通信程序及连接方法。

(2) 具有 TTL、RS232、RS485 等多种电平接口。

(3) 频率源采用 VCO/PLL 频率合成器,可通过测试软件设置频点。

(4) 采用温补频率基准,频率的瞬时及长期稳定度高。

(5) 支持总线式的数据传输方式。

(6) 通信距离为 300~400 m。

无线通信模块如图 7-13 所示。

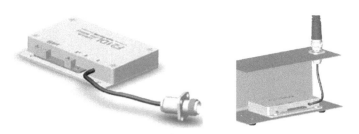

图 7-13　无线通信模块

## 7.4.7　电源箱的安装

　　免维护铅酸蓄电池应放在电源箱下方,以免电解液泄漏损坏其他器件,蓄电池充放电控制器应放在电源箱上方,如图 7-14 所示。

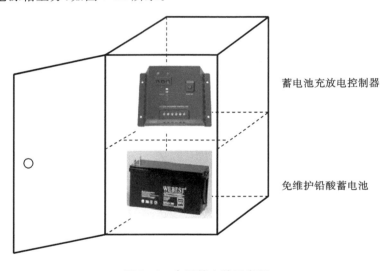

蓄电池充放电控制器

免维护铅酸蓄电池

图 7-14　电源箱安装示意图

# 第 *8* 章  OLED技术及应用

有机发光二极管(organic light-emitting diode,OLED)因为具有轻薄、省电等特性,在 MP3 播放器、手机上得到了广泛应用。OLED 屏幕具有许多 LCD 屏幕不可比拟的优势,因此它一直被业内人士看好。随着 OLED 应用技术的成熟和瓶颈的突破,OLED 在性能上已经成为目前最佳的显示技术。

OLED 显示方式与传统的 LCD 显示方式不同。OLED 显示屏不需要背光灯,采用非常薄的有机材料涂层和玻璃基板,当有电流通过时,这些有机材料就会发光。OLED 显示屏可以做得更轻、更薄,可视角度更大,并且更省电。总的来说,OLED 显示技术具有自发光、可视角度大、对比度高、省电、反应速度快等优点。

有机发光二极管根据色彩可分为单色有机发光二极管、多彩色有机发光二极管及全彩色有机发光二极管,其中,全彩色有机发光二极管的制备最为困难;根据驱动方式可分为被动式有机发光二极管(PMOLED)与主动式有机发光二极管(AMOLED)。

## 8.1  OLED 概述

### 8.1.1  OLED 的发展历程

有机发光二极管是一项由柯达公司开发并拥有专利的显示技术,这项技术使用有机材料作为发光二极管中的半导体材料。

1979 年,柯达公司的邓青云教授在实验室中发现了 OLED,由此展开了对 OLED 的研究。邓青云教授也因此被称为"OLED 之父"。

1987 年,邓青云教授和 Van Slyke 采用超薄膜技术,用透明导电膜作阳极,$Alq_3$ 作发光层,三芳胺作空穴传输层,Mg/Ag 合金作阴极,制成了双层有机电致发光器件。其亮度大于 1000 cd/$m^2$,驱动电压小于 10 V。

1990 年,英国剑桥大学的 Burroughes 等人发现了以共轭高分子 PPV 为发光层的 OLED,从此在世界上掀起了 OLED 研究的热潮。

1998 年,美国普林斯顿大学的 Forrest 小组研发了磷光 OLED,其内量子效率理论上可以达到 100%。

1998 年,日本研发出 20 英寸单色 OLED 显示屏,使得 OLED 显示屏走向大尺寸,同时打开了 OLED 产业化的大门。

2001 年,索尼公司研发出 13 英寸全彩色 OLED 显示屏。

2004 年,EPSON 公司研发出 40 英寸 OLED 显示屏,分辨率为 $1280 \times 768$,支持全彩色。

2005 年以后,三星、索尼等各大厂商都开始实现大尺寸 OLED 显示屏的生产。

2007 年,索尼公司推出全球首款 OLED 电视机,并开始了 OLED 电视机领域长达十年的研究,在 2013 年推出全球首款 56 英寸 OLED 电视机。2017 年,索尼公司推出旗舰款 OLED 电视机,售价高达 100 000 元人民币。

国内实现 OLED 量产的公司有京东方科技集团股份有限公司和北京维信诺科技有限公司。京东方科技集团股份有限公司 5.5 代 AMOLED 生产线于 2013 年投产。北京维信诺科技有限公司于 2002 年建成国内第一条 OLED 中试生产线,2011 年建成一条 4.5 代以上 AMOLED 生产线,并在 2013 年投产,同时拥有自主设计的 PMOLED 和 AMOLED 生产线。

总的来说,OLED 的发展趋势是从硬屏到软屏,屏幕尺寸由小到大,显示色彩由单色、多彩色到全彩色。

## 8.1.2 OLED 的结构和发光原理

OLED 的结构如图 8-1 所示。在施加一正向电压驱动时,阳极空穴与阴极电子就会在发光层中结合,产生光亮,根据其配方不同,产生红、绿、蓝三原色,构成基本色彩。

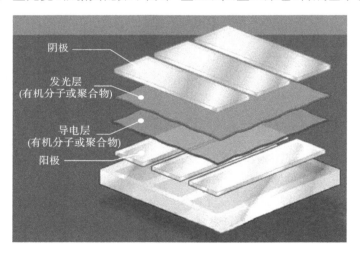

**图 8-1 OLED 的结构**

有机发光二极管的发光原理和无机发光二极管相似。OLED 属于载流子双注入型发光器件,其主要功能层的材料为有机半导体。在施加一正向电压驱动时,阳极和阴极分别向发光层注入空穴和电子,空穴和电子在发光层内传输并在某个分子上相遇,由于库仑力的作用,两者复合形成激子。激子不带电荷,因此在电场中不会进行定向移动,但它会扩散或迁移。激子在发光层中迁移到合适的位置时就会复合。激子复合时会释放出能量。激子释放能量,可以以辐射形式发出光子,也可以以非辐射形式释放热量,如图 8-2 所示。

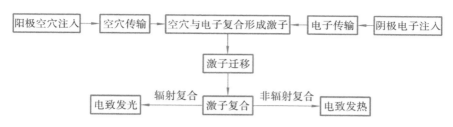

**图 8-2　OLED 的发光原理**

典型的 PMOLED 由玻璃基板、ITO 阳极、有机发光层、金属阴极等组成。薄而透明的 ITO 阳极与金属阴极像三明治一样将有机发光层夹在其中,当阳极空穴与阴极电子在有机发光层结合时,激发有机材料而发光。

多层 PMOLED 除玻璃基板、阳极、阴极与有机发光层外,还有空穴注入层(HIL)、空穴传输层(HTL)、电子传输层(ETL)与电子注入层(EIL),且各传输层与电极之间需设置绝缘层,因此热蒸镀加工难度相对提高,制作过程也变得复杂。

PMOLED 与 AMOLED 的结构如图 8-3 所示。从图 8-3 可以看出,PMOLED 仅由阳极、阴极,以及有机发光层构成,而 AMOLED 在 PMOLED 之下还有一层薄膜晶体管(TFT)。

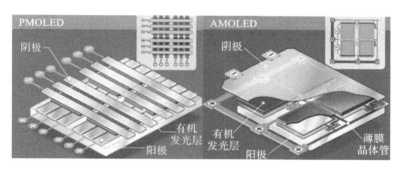

**图 8-3　PMOLED 与 AMOLED 的结构**

## 8.1.3　OLED 全彩色化技术

显示器全彩色是检验显示器是否在市场上具有竞争力的重要标志,因此,许多全彩色化技术也应用到了 OLED 显示器上。OLED 全彩色化技术通常有以下三种:RGB 像素独立发光、光色转换和彩色滤光膜。

**1. RGB 像素独立发光**

利用发光材料独立发光是目前采用最多的全彩色模式。该项技术利用精密的金属荫罩与 CCD 像素对位技术,首先制备红、绿、蓝三基色发光中心,然后调节三种颜色组合的混色比,产生真彩色,使三色 OLED 元件独立发光构成一个像素。该项技术的关键在于提高发光材料的色纯度和发光效率,同时,金属荫罩刻蚀技术也至关重要。

有机小分子发光材料 $Alq_3$ 是很好的绿光小分子发光材料,其色纯度、发光效率较高,稳定性也很好。但红光小分子发光材料的发光效率较低,蓝光小分子发光材料的发展也比较缓慢。人们通过向主体发光材料掺杂,已得到了色纯度、发光效率较高,稳定性较好的蓝光和红光。

有机高分子发光材料的优点是可以通过化学修饰调节其发光波长,现已得到了从蓝到绿到红的覆盖整个可见光范围的各种颜色,但其使用寿命只有有机小分子发光材料的十分之一,所以其使用寿命有待延长。不断开发出性能优良的发光材料是材料开发工作者的一项长期而艰巨的任务。

随着 OLED 显示器的全彩色化和大面积化,金属荫罩刻蚀技术直接影响着画面质量,所以对金属荫罩图形尺寸精度及定位精度提出了更加严格的要求。

**2. 光色转换**

首先制备蓝光 OLED 元件,然后利用蓝光激发光色转换材料得到红光和绿光,从而获得全彩色。该项技术的关键在于提高光色转换材料的色纯度及发光效率。这项技术不需要金属荫罩对位技术,只需要蒸镀蓝光 OLED 元件,是未来大尺寸全彩色 OLED 显示器极具潜力的全彩色化技术之一。它的缺点是光色转换材料容易吸收环境中的蓝光,造成图像对比度下降,同时光导也会造成画面质量降低。

**3. 彩色滤光膜**

首先制备白光 OLED 元件,然后通过彩色滤光膜得到三基色,再组合三基色实现全彩色显示。该项技术的关键在于获得发光效率和色纯度高的白光。这项技术不需要金属荫罩对位技术,可采用成熟的 LCD 彩色滤光膜制作技术,也是未来大尺寸全彩色 OLED 显示器极具潜力的全彩色化技术之一。但采用此项技术,透过彩色滤光膜所造成的光损失高达三分之二。

RGB 像素独立发光、光色转换和彩色滤光膜三种 OLED 全彩色化技术各有优缺点,可根据工艺结构及有机材料选用。

## 8.2　OLED 器件生产工艺

OLED 器件的生产包括 ITO 玻璃清洗及表面处理、光刻、再清洗、前处理、真空蒸镀有机层、真空蒸镀金属电极、真空蒸镀保护层、封装、切割、老化测试、模块组装、产品检验等工序,其中几个关键工序的工艺流程如下。

### 8.2.1　ITO 玻璃的清洗及表面处理

ITO 玻璃作为阳极,其表面状态直接影响空穴的注入及有机材料的成膜性。如果 ITO 玻璃表面不清洁,其表面自由能会变小,从而导致蒸镀在上面的空穴传输材料发生凝聚,成膜不均匀,也有可能导致击穿,使面板短路。

ITO 玻璃清洗的过程为洗洁精清洗→乙醇清洗→丙酮清洗→纯水清洗,均用超声波清洗机进行清洗,每次清洗采用清洗 5 分钟,停止 5 分钟,分别重复 3 次的方法。清洗完后用烘箱烘干待用。对洗净的 ITO 玻璃还需进行表面处理,以增加 ITO 玻璃表面的氧含量,提高 ITO 玻璃表面的功函数。也可以用以比例为水∶过氧化氢∶氨水＝5∶1∶1 混合的溶液处理 ITO 玻璃表面,使 ITO 玻璃表面的锡含量减少而氧含量增加,以提高 ITO 玻璃表面的功函数,从而增加空穴注入的概率,这样可以提高 OLED 器件的亮度。

ITO 玻璃在使用前还应经过紫外线-臭氧或等离子表面处理,主要目的是去除 ITO 玻璃表面残留的有机物,提高 ITO 玻璃表面的功函数,提高 ITO 玻璃表面的平整度。未经处理的 ITO 玻璃表面的功函数约为 4.6 eV,经过紫外线-臭氧或等离子表面处理的 ITO 玻璃表面的功函数为 5.0 eV 以上,发光效率会提高,使用寿命也会延长。对 ITO 玻璃表面进行处理一定要在干燥的真空环境中进行,处理后的 ITO 玻璃不能在空气中放置太久,否则,ITO 玻璃表面会失去活性。

## 8.2.2　光刻

　　光刻是指经过清洗、涂胶、软烘、对准曝光、显影、硬烘、蚀刻、脱膜等工艺手段,在基板上形成 Cr 等金属辅助电极图案、ITO 图案、绝缘层图案、阴极隔离柱图案。光刻工艺流程如图 8-4 所示。

①第一次光刻:Cr 等金属辅助电极图案的形成

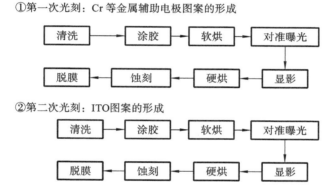

②第二次光刻:ITO图案的形成

③第三次光刻:绝缘层图案的形成

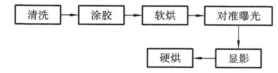

④第四次光刻:阴极隔离柱图案的形成

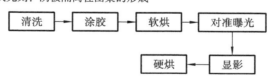

图 8-4　光刻工艺流程

　　以上工序中,涂胶、软烘、对准曝光、显影、硬烘一般需要在洁净度 100 级,温度 23 ℃±3 ℃,相对湿度 50%±10%的黄光区中进行;清洗、蚀刻需要在洁净度 1000 级,温度 23 ℃±3 ℃,相对湿度 50%±10%的白光区中进行。

## 8.2.3　有机层的真空蒸镀

　　OLED 器件需要在真空腔室中蒸镀多层有机薄膜,有机薄膜的质量关系到器件的质量和使用寿命。在真空腔室中设有多个放置有机材料的坩埚,加热坩埚蒸镀有机材料,并利用石英晶体振荡器来控制膜厚。

在蒸镀设备上进行蒸镀实验,实验结果表明,有机材料的蒸发温度为 $170\sim400$ ℃,ITO 玻璃基板温度为 $40\sim60$ ℃,腔室的真空度为 $3\times10^{-4}\sim5\times10^{-4}$ Pa 时,有机层的蒸镀效果较佳。

有机层的真空蒸镀目前还存在材料有效利用率低($<10\%$)、蒸镀速率不稳定、真空腔室容易被污染等不足之处,从而导致基板的镀膜均匀度达不到器件要求。

### 8.2.4 金属电极的真空蒸镀

金属电极也要在真空腔室中进行蒸镀。金属电极通常使用低功函数的活泼金属,因此在有机层蒸镀完成后进行蒸镀。

在蒸镀设备上进行蒸镀实验,实验结果表明,金属电极材料的蒸发加热电流为 $20\sim50$ A,ITO 玻璃基板温度为 60 ℃左右,腔室的真空度为 $5\times10^{-4}\sim7\times10^{-4}$ Pa 时,金属电极的蒸镀效果较佳。

蒸镀工艺流程如图 8-5 所示,详述如下。

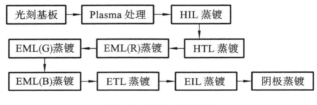

图 8-5 蒸镀工艺流程

（1）基板烘烤:主要关注的是烘烤的温度和时间。

（2）基板冷却:主要关注的是冷却的时间,要冷却到室温。

（3）前处理:Plasma 处理,主要关注功率、时间、气压和气体流量。

（4）有机层蒸镀(HIL、HTL、EML、ETL):主要控制膜层的厚度,同时要控制蒸镀速率、温度,蒸镀速率要合适,蒸镀温度不能过高(不同有机材料的蒸镀温度不一样,一般为 $100\sim400$ ℃)。

（5）无机层蒸镀(EIL):主要控制膜层的厚度,同时要控制蒸镀的速率、温度,蒸镀温度一般为 700 ℃左右。

（6）阴极蒸镀:主要控制膜层的厚度,同时要控制蒸镀速率和蒸镀功率,自动加材料的时间也要控制好。

OLED 器件真空蒸镀如图 8-6 所示。

### 8.2.5 封装

OLED 器件的有机薄膜及金属薄膜遇水和空气后会立即氧化,使器件性能迅速下降,因此 OLED 器件在封装前不能与空气和水接触。OLED 器件的封装一定要在无水、无氧气、通有惰性气体(如氩气、氮气)的手套箱中进行。封装材料包括黏合剂和覆盖材料。黏合剂使用环氧固化剂,覆盖材料则采用玻璃封盖,在封盖内装有干燥剂,用来吸附残留的水分。

图 8-6　OLED 器件真空蒸镀

封装工艺流程如图 8-7 所示。

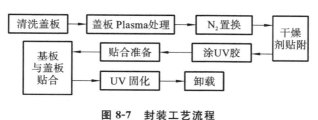

图 8-7　封装工艺流程

## 8.2.6　老化测试

　　老化测试是从封装完成后开始的,主要包括老化、点灯检查、漏电流检查等工序。老化测试工艺流程如图 8-8 所示。

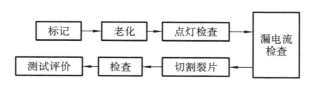

图 8-8　老化测试工艺流程

　　对整片基板老化的关键是加工基板时在每个产品单元旁增加一个测试点,在光刻工序中预留相应的电源和信号线路,在检测工序中可以实现直接对整片基板进行通电,通过测试点对基板上的每个 OLED 单元进行性能检测和老化测试。

# ■ 8.3　OLED 的驱动方式

　　OLED 的驱动方式分为主动式驱动(有源驱动)和被动式驱动(无源驱动)。

## 8.3.1　无源驱动(PMOLED)

　　无源驱动有静态驱动和动态驱动两种方式。
　　(1)静态驱动方式。在静态驱动的有机发光显示器件中,一般各有机电致发光像素的阴极是连在一起引出的,各像素的阳极是分立引出的,这就是共阴极连接方式。只要恒流源的电压与像素阴极的电压之差大于像素发光值,该像素就会在恒流源的驱动下发光;若要像素不发光,就将它的阳极接在一个负电压上,这样就可将它反向截止。但是在图像变化比较多时,可能出现交叉效应,为了避免交叉效应,必须采用交流的形式。

(2) 动态驱动方式。在动态驱动的有机发光显示器件中,像素的两个电极一般为矩阵型结构,即水平一组显示像素的相同性质的电极是共用的,纵向一组显示像素的相同性质的另一电极是共用的。如果像素可分为 $N$ 行、$M$ 列,就有 $N$ 个行电极和 $M$ 个列电极,行电极和列电极分别对应像素的两个电极,即阴极和阳极。在实际电路的驱动过程中,要逐行点亮或者逐列点亮像素。通常采用逐行扫描的方式,实现方式如下:循环地给每行电极施加脉冲,同时所有列电极给出该行像素的驱动电流脉冲,从而实现一行所有像素的显示。这种扫描是逐行进行的,扫描所有行所需的时间叫作帧周期。

## 8.3.2 有源驱动(AMOLED)

AMOLED 的每个像素配备具有开关功能的低温多晶硅薄膜晶体管(LTP-Si TFT),而且每个像素配备一个电荷存储电容,外围驱动电路和显示阵列集成在同一块玻璃基板上。用于 LCD 的 TFT,无法用于 AMOLED,这是因为 LCD 采用电压驱动,而 AMOLED 采用电流驱动。AMOLED 除了需要进行 ON/OFF 切换动作的选址 TFT 之外,还需要能让足够电流通过的导通阻抗较小的小型驱动 TFT。

有源驱动属于静态驱动,具有存储效应。这种驱动不受扫描电极数的限制,可以对各像素独立地进行选择性调节。

有源驱动可以对红色和蓝色像素独立地进行灰度调节,因此更有利于 AMOLED 全彩色化的实现。

有源矩阵的驱动电路藏于显示屏内,更易于实现小型化。另外,由于解决了外围驱动电路与显示屏的连接问题,所以在一定程度上提高了成品率和可靠性。

## 8.3.3 PMOLED 和 AMOLED 的比较

PMOLED 和 AMOLED 的比较如表 8-1 所示。

表 8-1 PMOLED 和 AMOLED 的比较

| PMOLED | AMOLED |
| --- | --- |
| 被动式 | 主动式 |
| 瞬间高密度发光 | 连续发光 |
| 面板外附加 IC 芯片 | 内藏薄膜型 IC 芯片 |
| 低成本,高电压驱动 | 高成本,低电压驱动 |
| 制作工艺简单 | 制作工艺复杂 |

PMOLED 反应速度较慢,较难发展中大尺寸面板,不过比较省电;AMOLED 反应速度较快,可发展各种尺寸的面板,但是比 PMOLED 耗电。从应用的角度来说,AMOLED 的应用领域更为广泛。

## 8.4　OLED 的应用

OLED 与阴极射线管（CRT）、LCD 相比，具有全固态、主动发光、对比度高、薄、色域广、响应速度快、低电压直流驱动、工作温度范围宽、功耗低、柔性好、易于实现 3D 显示等优点，详述如下。

（1）薄：OLED 层级结构少，相对 LCD 去掉了背光板和部分偏光片，且电子传输层、有机发光层和空穴传输层的有机材料可以做到很薄，使得 OLED 器件的平均厚度可比 LCD 器件小 0.5 mm。

（2）柔性好：OLED 使用的有机发光材料的可塑性比 LCD 使用的发光材料的可塑性好，并且 OLED 器件的衬底可选用柔性更好的材料，因此 OLED 器件整体柔性更好。

（3）对比度高：LCD 因其背光板需要时刻处于工作状态，其黑非真黑，颜色还原不准确，对比度较低，而 OLED 因其主动发光特性，不需要背光板，其黑乃真黑，对比度较高。

（4）响应速度快：LCD 的响应时间一般大于 30 ms，而 OLED 的响应时间可短至 0.001 ms。

（5）功耗低：OLED 在显示过程中可以通过控制薄膜晶体管阵列精准实现特定像素发光，而 LCD 则依赖背光板发光，因此 OLED 的功耗相对较低。

但是 OLED 也存在一定的短板，主要表现在制造成本和使用寿命方面。受制造设备和工艺的影响，OLED 的制造成本一般要高于其他显示器件。OLED 还有一个最大的特点是主动发光，因此，OLED 发光材料的使用寿命比较短。OLED 技术发展难点如表 8-2 所示。

表 8-2　OLED 技术发展难点

| 主 要 问 题 | 分　　　析 |
| --- | --- |
| 使用寿命问题 | 目前，市场上见到的手机 OLED 屏幕的使用寿命一般为 3000～5000 小时，对手机来说可以满足要求，但是对电视来说却远远不够。当然，随着材料提纯技术的发展，使用寿命问题会逐步得到解决 |
| 工艺问题 | 目前，OLED 量产工艺还不是很成熟，产品的良品率不是很高 |
| 制造成本问题 | 目前，OLED 蒸镀工艺成本较高，使得 OLED 产品的制造成本较高，大尺寸 OLED 产品的制造成本更高 |

### 8.4.1　OLED 的应用领域

**1. OLED 在智能手机领域的应用**

三星 Galaxy 系列高端智能手机一直坚持采用 AMOLED 屏幕，以展示三星的特色。自 2015 年下半年以来，更多品牌的智能手机开始采用 AMOLED 屏幕，苹果 2017 年推出的手机也开始采用 AMOLED 屏幕，苹果的加入极大地加速了 OLED 在智能手机领域的渗透。智能手机 OLED 屏幕如图 8-9 所示。

**2. OLED 在可穿戴设备领域的应用**

OLED 因为具有功耗低、柔性好、薄等特点，所以特别适合用在可穿戴设备领域。

图 8-9　智能手机 OLED 屏幕

苹果和三星两款标杆性智能手表均采用 AMOLED 屏幕,促使 AMOLED 屏幕的声势扶摇直上。同时,华为、LG、中兴等品牌的可穿戴设备大多采用 OLED 屏幕。可穿戴设备成为 OLED 占领更多市场的一个突破口。可穿戴设备 OLED 屏幕如图 8-10 所示。

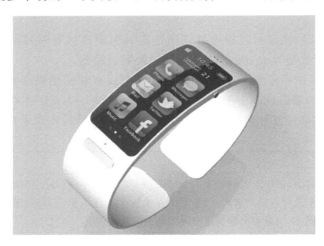

图 8-10　可穿戴设备 OLED 屏幕

### 3. OLED 解决虚拟现实(VR)设备眩晕问题

VR 设备眩晕产生的原因主要是响应时间过长。VR 设备的响应时间只有少于 20 ms,才不会让人有眩晕感。传统的 LCD 的响应时间一般大于 30 ms,而 OLED 的响应时间可短至 0.001 ms,因此,OLED 是解决 VR 设备眩晕问题最好的解决方案之一。

在 VR 设备的应用上,OLED 技术极为有用。例如,VR 设备 HTC Vive、Oculus Rift、PlayStation VR 均采用 OLED 屏幕。VR 设备 OLED 屏幕如图 8-11 所示。

### 4. OLED 电视加速替代液晶电视

OLED 电视在显示技术上完胜液晶电视。近年来,创维、LG、长虹、康佳等多个厂家研发推出 OLED 电视,并引领高端电视市场。OLED 电视如图 8-12 所示。

LG 和三星几乎同时在 2013 年初选择进入 OLED 面板市场,但发展思路完全不同,两者分别选择了一大一小,LG 一直致力于适用于电视等大尺寸设备的 OLED 面板的生产,是

**图 8-11    VR 设备 OLED 屏幕**

**图 8-12    OLED 电视**

大尺寸 OLED 面板行业的领军者。

**5. OLED 在 PC 产品和智能汽车领域逐步渗透**

在 CES 2016 国际消费电子产品展上，多家 PC 厂商发布了 OLED 笔记本电脑，这些全新的 PC 产品在显示效果上赢过了苹果，率先开启了 OLED PC 产品的潮流。PC 产品 OLED 屏幕如图 8-13 所示。

**图 8-13    PC 产品 OLED 屏幕**

在 2016 北京车展上，应用 AMOLED 的哈弗 HR-02 概念车正式亮相，车内安装了 1 块横穿整个仪表板的 AMOLED 显示屏，4 个车门上各有 1 块 AMOLED 显示屏，用来显示车内温度及其他数据。同时，哈弗 HB-02 通过 AMOLED 显示屏将音乐、收发邮件、接听电话等娱乐及办公功能展现在仪表板上，可以为驾驶者带来智能化的、愉悦的生活体验。

**6. OLED 照明技术的应用**

近年来，OLED 在照明领域的应用越来越广泛。市场研究机构 ID TechEx 预测，全球 OLED 照明市场规模将于 2023 年增至 13 亿美元，并且从 2023 年开始，每年将以 40％～50％的增长率迅速增长。

目前，美国通用、德国欧司朗、荷兰飞利浦和日本松下等大型照相企业都积极投入大量资金，用于 OLED 照明技术的研发。

OLED 照明灯具如图 8-14 所示。

图 8-14　OLED 照明灯具

## 8.4.2　国内外 OLED 产业现状

OLED 产业链的上游包括设备制造、材料制造、零件组装，中游包括面板制作、模组组装，下游包括各种应用，如图 8-15 所示。目前来看，OLED 产业链还不是很完善，各家厂商的技术标准和工艺流程有一定的区别，这也导致了目前 OLED 市场竞争格局的复杂化。

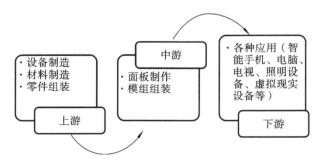

图 8-15　OLED 产业链

OLED 技术虽然起源于欧美，但因为成本和产业链的关系，实现 OLED 大规模产业化的国家大多为东亚国家。日本在 OLED 设备制造领域占有的市场份额最大,其次为韩国,美国、德国、荷兰也有一批实力较强的 OLED 设备制造商。在设备制造及零件组装方面,目前,关键技术均掌握在日本、韩国及欧洲企业手中。中国虽然有一定的 OLED 产业基础,但竞争力不强。

**1. OLED 产业链上游**

目前,OLED 材料制造主要由日本、韩国、欧美企业主导,国内企业主要为 OLED 材料制造企业提供有机材料的中间体和单体粗品。日本、韩国企业主要生产小分子发光材料,欧美企业主要生产高分子发光材料。

在目前以小分子发光材料为主流产品的市场中,日本、韩国两个国家不管是在设备制造方面还是在材料制造方面均占据市场主导地位,对 OLED 产业链上游材料制造及设备制造拥有绝对的话语权。厂商数量少且分布不均,容易形成垄断。

**2. OLED 产业链中游**

OLED 前景广阔,千亿美元的市场规模吸引了材料、设备、面板制造和终端应用厂商纷纷扩产投资。LG、三星等面板巨头结合上游材料市场,积极扩产投资,降低产品成本。京东方、华星光电、深天马、维信诺、和辉光电等国内面板厂商也在大规模布局 OLED 产业链,力图借助 OLED 调整全球面板格局。

全球面板及模组的生产由韩国企业主导。目前,三星是全球最大的中小尺寸面板生产商,LG 则是大尺寸面板的唯一霸主。

日本企业则主导驱动芯片市场,中颖电子是国内目前唯一可以量产 OLED 驱动芯片的厂商。

**3. OLED 产业链下游**

OLED 产业链下游既包括智能手机、电脑、电视等传统领域,又包括虚拟现实设备、可穿戴设备等新增领域,还包括照明、航空航天等领域。

目前,电视、智能手机的 OLED 应用处于发展较快阶段。韩国在 OLED 电视市场占据主导地位,三星和 LG 两大厂商的 OLED 电视产量在全球范围内最大。在智能手机领域,三星的 OLED 应用依然超前,国内的一些厂商,如华为、OPPO 等,也开始采用 OLED 显示屏。其他领域 OLED 的应用均处于产业初步发展阶段,还未形成明显的竞争格局。

综合 OLED 产业链上、中、下游的情况看,目前全球 OLED 技术处于产业化初期阶段,产业链中、上游由日本、韩国、欧美企业主导,国内企业话语权较弱。

纵观显示技术的发展历程,技术发展推动性能提升是大势所趋,之前大致经历了 CRT、PDP、LCD 三次技术革新,显示屏实现了从"厚"至"薄"、从"黑白"至"全彩"、从"低对比度、低分辨率"至"高对比度、高分辨率"等一系列的性能提升。如今,随着手机屏幕差异化需求增加、其他智能终端新产品层出不穷,用户对显示屏的功能需求越来越多元化,而当前主流的 LCD 技术因其内生性的技术原因无法满足这些需求,显示技术的又一次升级已经到来。

OLED 由于自身的特点,符合未来显示技术的发展方向。随着技术的成熟,OLED 显示技术已经逐渐克服了制造成本和使用寿命两大难题。许多手机厂商开始使用 AMOLED 屏幕。同时,借助于虚拟现实设备、可穿戴设备的爆发趋势,OLED 将进入市场渗透率快速增长阶段。

# 第 *9* 章　LED应用实训

本章以 LED 应用安装调试实训系统为平台,通过直插 LED 模块,贴片 LED 模块,LED 广告屏组装、走线、供电、控制等实训项目,实现室内、室外 LED 广告屏的方案设计、安装、调试、维护等。

LED 显示屏由很多发光二极管(通常为红色)组成,靠灯的亮灭来显示字符。目前,LED 显示屏市场已出现各种单基色、双基色、全彩色 LED 显示屏,用来显示文字、图形、图像、动画、行情、视频、录像等各种信息。

传统 LED 显示屏通常由显示模块、控制系统、电源系统及 LED 显示屏固定部分组成,其结构图如图 9-1 所示。

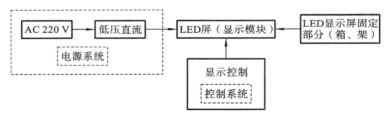

**图 9-1　LED 显示屏结构图**

LED 显示屏的分类方式多种多样,大体可以按照以下几种方式分类。

(1) 按使用环境分为户内屏、户外屏及半户外屏。

户内屏面积一般从不到 1 平方米到十几平方米,点密度较大,在非阳光直射或灯光照明环境中使用,观看距离在几米以外,屏体不具备密封防水能力。

户外屏面积一般从几平方米到上百平方米,点密度较小,发光亮度为 $5500 \sim 8500$ cd/m² (朝向不同,亮度要求不同),可在阳光直射条件下使用,观看距离在几十米以外,屏体具有良好的防风抗雨及防雷能力。

半户外屏介于户外屏和户内屏之间,具有较高的发光亮度,可在非阳光直射条件下使用,屏体采取了一定的密封措施,一般在屋檐下或橱窗内使用。

(2) 按颜色分为单基色屏、双基色屏和三基色屏。

单基色屏是指显示屏只有一种颜色的发光材料。

双基色屏一般由红色和黄绿色发光材料构成。

三基色屏分为全彩色屏和真彩色屏,全彩色屏由红色、黄绿色、蓝色发光材料构成,真彩色屏由红色、绿色、蓝色发光材料构成。

（3）按控制或使用方式分为同步屏和异步屏。

同步方式是指 LED 显示屏的工作方式基本和电脑的监视器相同，它以至少 30 场/秒的更新速率点点对应地实时映射电脑监视器上的图像。同步屏通常具有多灰度颜色显示能力，可达到多媒体的广告宣传效果。

异步方式是指 LED 显示屏具有存储及自动播放的功能，在 PC 机上编辑好的文字及无灰度图片通过串口或其他网络接口传入 LED 显示屏，然后由 LED 显示屏脱机自动播放。异步屏一般不具有多灰度颜色显示能力，主要用于显示文字信息，可以多屏联网。

（4）按显示性能分为视频显示屏、文本显示屏、图文显示屏和行情显示屏。

视频显示屏一般为全彩色显示屏。

文本显示屏一般为单基色显示屏。

图文显示屏一般为双基色显示屏。

行情显示屏一般为数码管或单基色显示屏。

（5）按显示器件分为数码显示屏、点阵图文显示屏和视频显示屏。

数码显示屏：显示器件为 7 段数码管。

点阵图文显示屏：显示器件是由许多均匀排列的发光二极管组成的点阵显示模块，适合于显示文字、图像信息。

视频显示屏：显示器件由许多发光二极管组成，可以播放各种视频文件。

（6）按显示屏安装方式分为常规型 LED 显示屏和租赁型 LED 显示屏。

常规型 LED 显示屏：采用钢结构将显示屏固定安装于一个位置。常见的有户外大型单立柱、双立柱 LED 广告屏，以及车站里安装在墙壁上用来显示车次信息的 LED 显示屏等。

租赁型 LED 显示屏：在设计时就考虑到该屏会经常安装与拆卸，所以左、右箱体采用带定位功能的快速锁连接，定位精准，安装快速。租赁型 LED 显示屏主要用于舞台演出、婚庆场所以及大型晚会等。

LED 广告屏的应用已涉及社会经济的许多领域。LED 广告屏的作用详述如下。

（1）证券交易、金融信息显示。

（2）机场航班信息显示。民航机场建设对信息显示的要求非常明确，LED 广告屏是航班信息显示系统的首选产品。

（3）港口、车站旅客引导信息显示。以 LED 广告屏为主体的信息系统和广播系统、列车到发信息显示系统、票务信息系统等共同构成客运枢纽的自动化系统。

（4）体育场馆信息显示。LED 广告屏已取代了传统的 CRT 显示屏。

（5）道路交通信息显示。随着智能交通系统（ITS）的兴起，在城市交通、高速公路等领域，LED 广告屏作为可变情报板、限速标志等，替代国外同类产品，得到普遍应用。

（6）调度指挥中心信息显示。在电力调度、车辆动态跟踪、车辆调度管理等领域，LED 广告屏已得到广泛应用。

（7）邮政、电信、商场购物中心等服务领域的业务宣传及信息显示。遍布全国的服务领域均有 LED 广告屏在业务宣传及信息显示方面发挥作用。

（8）广告媒体新产品。除单一大型户内、户外广告屏作为广告媒体外，国内一些城市出现了集群 LED 广告屏系统。

LED 广告屏正广泛应用于休闲广场、大型娱乐广场、商贸中心、商业街、火车站、候车室、演艺中心、电视直播现场、展览场馆、演唱会现场等场所。

# 9.1 直插 LED 模块实训

## 9.1.1 实训目的

(1) 掌握常见 LED 电流调节驱动方法。

(2) 观察单色闪烁 LED、七彩慢闪 LED、七彩快闪 LED、食人鱼 LED、双色 LED、全彩色 LED 点亮现象。

(3) 掌握 PWM 调节驱动 LED 的方法。

(4) 掌握双色 LED、全彩色 LED 的配色方法。

## 9.1.2 实训仪器

(1) 信息显示与光电技术综合实验平台 1 台。

(2) 直插 LED 模块 1 套。

(3) 连接导线若干。

## 9.1.3 实训步骤

### 1. 常见 LED 电流调节驱动实训

(1) 将主台体上的＋5 V 电源和 GND 分别用导线引入直插 LED 模块的电源单元。

(2) 关闭模块电源开关,用导线连接 J601 与 J201,确认电路连接正确后,开启模块电源开关,调节 RP601,观察 $\phi3$ 封装 LED 的亮度随电流调节的变化。

(3) 关闭模块电源开关,拆下步骤(2)中的导线,用导线连接 J601 与 J202,确认电路连接正确后,开启模块电源开关,调节 RP601,观察 $\phi5$ 封装 LED 的亮度随电流调节的变化。

(4) 关闭模块电源开关,拆下步骤(3)中的导线,用导线连接 J601 与 J203,确认电路连接正确后,开启模块电源开关,调节 RP601,观察 $\phi8$ 封装 LED 的亮度随电流调节的变化。

### 2. 特殊 LED 电流调节驱动实训

(1) 将主台体上的＋5 V 电源和 GND 分别用导线引入直插 LED 模块的电源单元。

(2) 关闭模块电源开关,用导线连接 J601 与 J301,确认电路连接正确后,开启模块电源开关,调节 RP601,观察单色闪烁 LED 点亮现象。

(3) 关闭模块电源开关,拆下步骤(2)中的导线,用导线连接 J601 与 J302,确认电路连接正确后,开启模块电源开关,调节 RP601,观察七彩慢闪 LED 点亮现象。

(4) 关闭模块电源开关,拆下步骤(3)中的导线,用导线连接 J601 与 J303,确认电路连接正确后,开启模块电源开关,调节 RP601,观察七彩快闪 LED 点亮现象。

（5）关闭模块电源开关,拆下步骤（4）中的导线,用导线连接 J601 与 J401,确认电路连接正确后,开启模块电源开关,调节 RP601,观察食人鱼 LED 的亮度随电流调节的变化。

**3. LED PWM 调节驱动实训**

（1）将主台体上的＋5 V 电源和 GND 分别用导线引入直插 LED 模块的电源单元。

（2）关闭模块电源开关,用导线连接 J701 与 J201,确认电路连接正确后,开启模块电源开关,缓慢调节占空比和电流增益调节旋钮,观察实训现象。

（3）关闭模块电源开关,拆下步骤（2）中的导线,用导线连接 J701 与 J202,确认电路连接正确后,开启模块电源开关,缓慢调节占空比和电流增益调节旋钮,观察实训现象。

（4）关闭模块电源开关,拆下步骤（3）中的导线,用导线连接 J701 与 J203,确认电路连接正确后,开启模块电源开关,缓慢调节占空比和电流增益调节旋钮,观察实训现象。

（5）关闭模块电源开关,拆下步骤（4）中的导线,用导线连接 J701 与 J401,确认电路连接正确后,开启模块电源开关,缓慢调节占空比和电流增益调节旋钮,观察实训现象。

**4. LED 配色实训**

（1）将主台体上的＋5 V 电源和 GND 分别用导线引入直插 LED 模块的电源单元。

（2）关闭模块电源开关,用导线连接 J601 与 J501 红/黄输入、J602 与 J502 蓝/绿输入,确认电路连接正确后,开启模块电源开关,缓慢调节 RP601、RP602,观察实训现象。

（3）关闭模块电源开关,用导线连接 J601 与 J505 红输入、J602 与 J504 绿输入、J603 与 J503 蓝输入,确认电路连接正确后,开启模块电源开关,缓慢调节 RP601、RP602、RP603,观察实训现象。

## 9.1.4　注意事项

（1）在实训操作中,严禁带电插拔器件和导线,熟悉电路原理并检查无误后,方可打开电源进行实训。

（2）严禁将电源对地短路。

（3）在实训操作中,严禁使用一路控制端口（如 J601、J602、J603、J701）驱动多路 LED,防止电流过大烧毁器件。

## 9.1.5　思考题

（1）串接电流表,观察 LED 亮度随电流变化的情况。

（2）如何实现全彩色 LED 配色?

（3）为什么用一张白纸覆盖在全彩色 LED 上进行观察,效果更加明显?

（4）将电流增益调节旋钮顺时针调到最大,打开模块电源开关,缓慢均匀旋动占空比调节旋钮,顺时针旋动占空比调节旋钮时,LED 亮度变大,逆时针旋动电流调节旋钮时,LED 亮度变小,并出现 LED 闪烁现象。为什么会出现 LED 闪烁现象?

## 9.2 贴片 LED 模块实训

### 9.2.1 实训目的

(1) 掌握贴片 LED 的驱动方法。

(2) 了解 5050 封装三基色贴片 LED 封装及器件结构、三基色 LED 实现全彩色的配色原理。

(3) 了解大功率 LED 照明方法。

### 9.2.2 实训仪器

(1) LED 显示应用综合实训箱 1 台。

(2) 贴片 LED 模块 1 套。

(3) 连接导线若干。

### 9.2.3 实训步骤

**1. LED 电流调节驱动实训**

(1) 将贴片 LED 模块放入 LED 显示应用综合实训箱内，将实训箱主面板上的电源"＋5 V""GND"与贴片 LED 模块上的电源接口"＋5 V""GND"分别连接。

(2) 将贴片 LED 基础单元的 PWM 调节旋钮顺时针调到最大，打开实训箱主电源开关，再打开贴片 LED 基础单元的开关，缓慢均匀旋动电流调节旋钮，观察 LED 发光亮度的变化情况，记录实训现象并分析实训结果。

(3) 关闭模块电源开关。

**2. LED PWM 调节驱动实训**

(1) 将贴片 LED 模块放入 LED 显示应用综合实训箱内，将实训箱主面板上的电源"＋5 V""GND"与贴片 LED 模块上的电源接口"＋5 V""GND"分别连接。

(2) 将贴片 LED 基础单元的电流调节旋钮顺时针调到最大，打开模块电源开关，缓慢均匀旋动 PWM 调节旋钮，观察 LED 发光现象，记录实训现象并分析实训结果。

(3) 同时缓慢均匀旋动 PWM 调节旋钮和电流调节旋钮，观察 LED 发光现象，分析电路结构，记录实训现象并分析实训结果。

**3. LED 配色实训**

(1) 将贴片 LED 模块放入 LED 显示应用综合实训箱内，将实训箱主面板上的电源"＋5 V""GND"与贴片 LED 模块上的电源接口"＋5 V""GND"分别连接。

(2) 将"红色调节""绿色调节""蓝色调节"旋钮逆时针旋至最小。

(3) 打开实训箱和模块三基色 LED 单元控制开关，观察实训现象。

(4) 分别缓慢均匀调节"红色调节""绿色调节""蓝色调节"旋钮，观察实训现象并分析。

(5) 同时缓慢均匀调节"红色调节""绿色调节""蓝色调节"旋钮,观察实训现象并分析。

(6) 关闭模块电源开关。

**4. 大功率 LED 照明实训**

(1) 将贴片 LED 模块放入 LED 显示应用综合实训箱内,将实训箱主面板上的电源"+5 V""GND"与贴片 LED 模块上的电源接口"+5 V""GND"分别连接。

(2) 将大功率 LED 单元功率调节旋钮逆时针旋到底。

(3) 打开实训箱和模块大功率 LED 单元控制开关,缓慢均匀调节功率调节旋钮,观察实训现象。

注意:当功率调节至较大时,应避免长时间直视大功率 LED,以免对眼睛造成伤害。

## 9.2.4　注意事项

(1) 实训过程中严禁短路现象的发生。

(2) 调节旋钮时应缓慢均匀用力。

## 9.2.5　思考题

(1) 为什么 PWM 调节驱动实训中会出现 LED 闪烁现象?

(2) 红绿双色 LED 配色实训的实际应用有哪些?

(3) 是否可以将三基色 LED 的"+"和"−"都设置为公共端,用限流电阻实现实训结果?为什么?

(4) 如何处理照明用大功率 LED 的散热问题?仔细观察本实训是如何处理的。

# 9.3　LED 广告屏串、并型拼接实训

## 9.3.1　实训目的

掌握 LED 广告屏的串型拼接方法、并型拼接方法和混合型拼接方法。

## 9.3.2　实训仪器

(1) LED 显示屏安装调试实训系统 1 套。

(2) 螺丝刀 1 把。

(3) 实验用连线若干。

## 9.3.3　实训步骤

**1. LED 广告屏串型拼接实训**

LED 显示屏一般由多个 LED 单元板拼接而成,LED 条屏一般由 LED 单元板串型拼接

而成。

　　LED 单元板的大小一般根据客户需求定制,本实训用 LED 显示屏箱体结构,在 LED 显示屏箱体上开展 LED 单元板的串型拼接,实现 LED 广告屏串型拼接及走线实训。LED 显示屏串型拼接原理图如图 9-2 所示。LED 显示屏串型拼接实物图如图 9-3 所示。

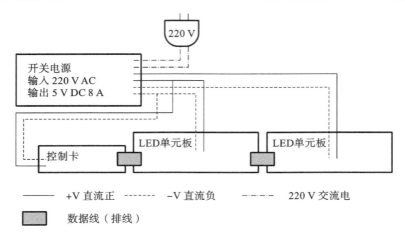

**图 9-2　LED 显示屏串型拼接原理图**

**图 9-3　LED 显示屏串型拼接实物图**

　　将 LED 单元板按照原理图水平方向紧密摆放(箱体内部各部分已经安装好)。

　　第一次安装,应严格按照步骤来操作,减少错误的发生,接线原理参照图 9-2。

　　第 1 步:检查电源电压,找出直流正负连接开关电源,将 220 V 电源线连接到开关电源上,确认连接正确后,连接到 AC 或者 NL 接线柱,然后通电。这时会发现电源有个灯亮,用万用表直流挡测量 V+ 和 V-之间的电压,确保电压在 4.8～5.1 V 范围内。旁边有个旋钮,可以用螺丝刀调节电压。为了减少屏幕发热,延长使用寿命,在亮度要求不高的场合,可以把电压调节到 4.5～4.8 V 范围内。确认电压没有问题后,断开电源,继续组装其他部分。

　　第 2 步:关闭电源,将 V+ 连接红线,V-连接黑线,连接到控制卡和 LED 单元板,黑线接控制卡和电源的 GND,红线接控制卡的+5 V 和单元板的 VCC。每个单元板 1 根电源线。完成后,检查接线是否正确。

第 3 步:连接控制卡和单元板,用做好的排线连接,方向不能接反。单元板的两个 16PIN 的接口,一个是输入,一个是输出,箭头指向的第二个为输出,第一个为输入。输出连接到下一个单元板的输入。

第 4 步:连接数据线,将数据线一端连接电脑,另一端连接控制卡。通常数据线有 DB9 串口线和网线两种,根据实际情况进行连接。

第 5 步:再次检查接线是否正确。

第 6 步:接通 220 V 电源,正常情况下,电源灯亮,控制卡亮,屏幕有显示。如果不正常,请检查接线是否正确。

第 7 步:打开下载的软件,设定屏幕参数,发送字幕。具体参照软件使用说明。

**2. LED 广告屏并型拼接实训**

LED 显示屏并型拼接原理图如图 9-4 所示。

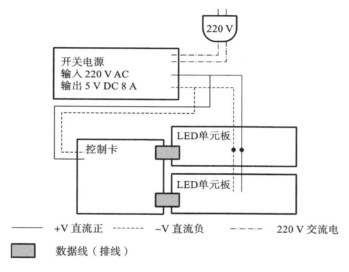

**图 9-4　LED 显示屏并型拼接原理图**

将 LED 单元板按照原理图水平方向紧密摆放(箱体内部各部分已经安装好)。

实训步骤参照"LED 广告屏串型拼接实训",接线原理参照图 9-4。

**3. LED 广告屏混合型拼接实训**

当同时采用串型拼接和并型拼接两种方式时,通常称为混合型拼接。LED 显示屏混合型拼接原理图如图 9-5 所示。

实训步骤参照"LED 广告屏串型拼接实训",接线原理参照图 9-5。

## 9.3.4　注意事项

(1) 实训过程中严禁短路现象的发生。

(2) 实训操作严格按照实训指导书进行或在老师的指导下进行。

(3) 显示屏各部分应轻拿轻放,以免造成损坏。

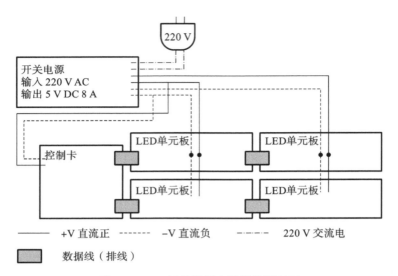

—— +V 直流正 ------- –V 直流负 ——— 220 V 交流电

数据线（排线）

**图 9-5　LED 显示屏混合型拼接原理图**

（4）拆装各部件时应缓慢均匀用力。

（5）主界面"控制屏幕"→"屏幕管理"→"配置选中屏参数"→"基本参数设置"中的内容禁止随意更改。

### 9.3.5　思考题

（1）思考如何用多个 LED 显示屏箱体实现串型显示，并在老师的指导下进行实训操作。

（2）思考如何用多个 LED 显示屏箱体实现并型显示，并在老师的指导下进行实训操作。

（3）思考如何用多个 LED 显示屏箱体实现混合型显示，并在老师的指导下进行实训操作。

（4）尝试改变网线"S"形连接方式，思考如何进行显示控制的参数配置。

## 9.4　LED 广告屏静、动态显示控制实训

### 9.4.1　实训目的

（1）掌握 LED 广告屏的显示控制。

（2）了解静态驱动，掌握静态显示控制方法。

（3）了解扫描驱动、实像素和虚拟像素的概念，掌握动态显示控制方法。

### 9.4.2　实训仪器

（1）LED 显示屏安装调试实训系统 1 套。

（2）螺丝刀 1 把。

（3）实验用连线若干。

## 9.4.3　实训步骤

**1. LED 广告屏显示控制实训**

一般 LED 广告屏显示控制系统包括 LED 显示屏、供电电源及配电系统、视频处理器及显示屏播放控制系统等部分,而复杂的 LED 广告屏显示控制系统还包括远程控制电脑、闭路电视等部分,如图 9-6 所示。

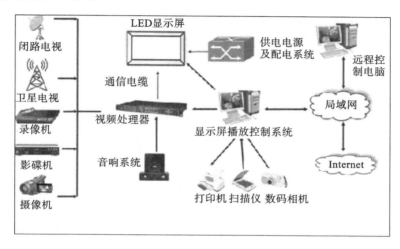

**图 9-6　LED 广告屏显示控制系统示意图**

本实训采用图 9-7 所示的显示控制系统。

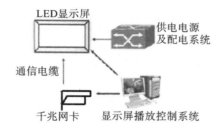

**图 9-7　LED 广告屏显示控制实训采用的显示控制系统**

实训步骤如下。

（1）将 LED 广告屏箱体安装好。

（2）用电源线(流经电流不小于 10 A)连接各开关电源的交流接线端子,按照零线接零线,火线接火线的方式连接。

（3）将 AC 220 V 交流电源线(带插头)的零线、火线分别接至开关电源的零线、火线。

（4）用网线连接 LED 广告屏箱体的控制卡网络接口和 PC 机的千兆网络接口。

（5）接通 LED 广告屏电源,打开上位机软件"LEDVISION"(已安装上位机软件),单击"控制屏幕"→"屏幕管理",打开"屏幕管理"界面,选择" 网卡发送",密码为"168"。

（6）勾选"使用网卡"，单击"自动选择"，这时空白菜单就会出现我们使用的千兆网卡。

（7）单击"探测接收卡"，右边就会出现探测到的接收卡。

（8）单击"配置选中屏参数"，输入密码"168"，进入接收卡参数设置界面。

（9）单击"连接设置"选项卡，设置屏幕走向及对应参数。

（10）保存配置参数并发送配置参数到接收卡。

详细操作参照《LEDVISION 软件说明书》。

**2. LED 广告屏静态显示控制实训**

从驱动 IC 的输出脚到像素点之间实行"点对点"的控制叫作静态驱动，静态驱动不需要行控制电路，成本较高，但显示效果好，稳定性好，亮度损失较小。

目前市场上 LED 显示屏的驱动方式有静态扫描和动态扫描两种，静态扫描分为静态实像素和静态虚拟，动态扫描分为动态实像素和动态虚拟。驱动器件一般用 HC595、MBI5026 等，一般有 1/2 扫、1/4 扫、1/8 扫、1/16 扫。

例如，一个常用的全彩色模组像素为 $16 \times 8$(2R1G1B)，如果用 MBI5026 驱动，模组总共使用的是 $16 \times 8 \times (2+1+1)$点，即 512 点，MBI5026 为 16 位芯片，512/16＝32，则：

（1）如果用 32 个 MBI5026 芯片，是静态虚拟；

（2）如果用 16 个 MBI5026 芯片，是动态 1/2 扫虚拟；

（3）如果用 8 个 MBI5026 芯片，是动态 1/4 扫虚拟。

如果单元板上两个红灯串联，则：

（1）用 24 个 MBI5026 芯片，是静态实像素；

（2）用 12 个 MBI5026 芯片，是动态 1/2 扫实像素；

（3）用 6 个 MBI5026 芯片，是动态 1/4 扫实像素。

本实训通过 PC 机控制显示静态全彩色图像。实训步骤如下。

（1）安装接线步骤同"LED 广告屏显示控制实训"步骤（1）、（2）、（3）、（4）。

（2）接通 LED 广告屏电源，打开上位机软件"LEDVISION"（已安装上位机软件），单击"控制屏幕"→"屏幕管理"，打开"屏幕管理"界面，选择"网卡发送"，密码为"168"。

（3）勾选"使用网卡"，单击"自动选择"，这时空白菜单就会出现我们使用的千兆网卡。

（4）单击"探测接收卡"，右边就会出现探测到的接收卡。

（5）单击"配置选中屏参数"，输入密码"168"，进入接收卡参数设置界面。

（6）单击"连接设置"选项卡，设置屏幕走向及对应参数。

（7）保存配置参数并发送配置参数到接收卡。

（8）打开软件主界面，单击菜单栏"设置"，选择"软件设置"。

（9）进入"软件设置"界面，在"自动设置"标签下选择普通播放模式，设置完成后关闭该界面。

（10）在软件主界面单击"文件"→"新建"，在新建文件上单击右键，添加空白节目页，在新添加的节目页上单击右键，建立文件窗，在文件窗上单击右键，添加图片，在特效中选择无特效，在文件窗上单击右键，选择最大化窗口，即可静态全屏显示图片。

**3. LED 广告屏动态显示控制实训**

从驱动 IC 的输出脚到像素点之间实行"点对列"的控制叫作扫描驱动，扫描驱动需要行控制电路，成本低，但显示效果差，亮度损失比较大。

显示单元中每一点的红、绿、蓝显示组成部分均匀分布，以配合像素的混色效果。

本实训通过 PC 机控制同步显示动态视频图像。实训步骤如下。

（1）安装接线步骤同"LED 广告屏显示控制实训"步骤（1）、（2）、（3）、（4）。

（2）接通 LED 广告屏电源，打开上位机软件"LEDVISION"（已安装上位机软件），单击"控制屏幕"→"屏幕管理"，打开"屏幕管理"界面，选择" 网卡发送"，密码为"168"。

（3）勾选"使用网卡"，单击"自动选择"，这时空白菜单就会出现我们使用的千兆网卡。

（4）单击"探测接收卡"，右边就会出现探测到的接收卡。

（5）单击"配置选中屏参数"，输入密码"168"，进入接收卡参数设置界面。

（6）单击"连接设置"选项卡，设置屏幕走向及对应参数。

（7）保存配置参数并发送配置参数到接收卡。

（8）打开软件主界面，单击菜单栏"设置"，选择"软件设置"。

（9）进入"软件设置"界面，在"自动设置"标签下选择抓屏模式，设置完成后关闭该界面。

（10）打开一个视频文件，调整播放器窗口大小，使得抓屏窗口全区域覆盖视频播放器窗口，单击菜单栏下的隐藏/显示图标 ▣，即可实现 LED 广告屏的全屏动态显示。

## 9.4.4　注意事项

（1）实训过程中严禁短路现象的发生。

（2）实训操作严格按照实训指导书进行或在老师的指导下进行。

（3）显示屏各部分应轻拿轻放，以免造成损坏。

（4）拆装各部件时应缓慢均匀用力。

（5）主界面"控制屏幕"→"屏幕管理"→"配置选中屏参数"→"基本参数设置"中的内容禁止随意更改。

## 9.4.5　思考题

（1）如何实现多屏分割显示？

（2）静态驱动的优点是什么？

（3）扫描驱动的优点是什么？

# 9.5　LED 广告屏应用设计及装配调试实训

## 9.5.1　实训目的

掌握 LED 广告屏的室外应用设计及装配调试方法。

## 9.5.2　实训仪器

(1) LED 显示屏安装调试实训系统 1 套。

(2) 螺丝刀 1 把。

(3) 实验用连线若干。

## 9.5.3　实训步骤

LED 广告屏的装配是以 LED 单元板为基础的,通过对 LED 单元板进行矩阵式排列,组成 LED 显示屏箱体,通过 LED 显示屏箱体的矩阵式排列,组成 LED 广告屏,通过 LED 广告屏专用电源系统和控制系统,实现 LED 广告屏的屏体显示,如图 9-8 所示。

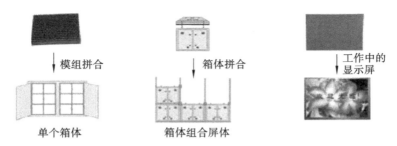

**图 9-8　LED 广告屏显示控制系统装配示意图**

实训步骤如下。

(1) 将多个 LED 广告屏箱体串型拼接(箱体内部各部分已经安装好)。

(2) 用六角扳手从 LED 广告屏箱体后面连接处中间拧紧 LED 广告屏箱体连接锁扣,使得各个 LED 广告屏箱体紧密连接,用支架从 LED 广告屏后端固定,使得各个 LED 广告屏箱体紧密稳固连接(防止 LED 广告屏摆放不稳固倒落而损坏广告屏)。

(3) 用电源线(流经电流不小于 10 A)连接各开关电源的交流接线端子,按照零线接零线,火线接火线的方式连接。

(4) 将 AC 220 V 交流电源线(带插头)的零线、火线分别接至开关电源的零线、火线。

(5) 用网线串型连接各 LED 广告屏箱体的控制卡网络接口。

(6) 用网线连接其中一个 LED 广告屏箱体的控制卡网络接口和 PC 机的千兆网络接口。

(7) 接通 LED 广告屏电源,打开上位机软件"LEDVISION"(已安装上位机软件),单击"控制屏幕"→"屏幕管理",打开"屏幕管理"界面,选择" 网卡发送",密码为"168"。

(8) 勾选"使用网卡",单击"自动选择",这时空白菜单就会出现我们使用的千兆网卡。

(9) 单击"探测接收卡",右边就会出现探测到的接收卡。

(10) 单击"配置选中屏参数",输入密码"168",进入接收卡参数设置界面。

(11) 单击"连接设置"选项卡,设置屏幕走向及对应参数。

(12) 保存配置参数并发送配置参数到接收卡。

(13) 打开软件主界面,单击菜单栏"设置",选择"软件设置"。

（14）进入"软件设置"界面，在"自动设置"标签下选择普通播放模式，设置完成后关闭该界面。

（15）在软件主界面单击"文件"→"新建"，在新建文件上单击右键，添加空白节目页，在新添加的节目页上单击右键，建立文件窗，在文件窗上单击右键，添加编辑好的.txt 格式文本文件，在特效中选择左移、停留无效果，设置进场、停留、出场对应时间参数分别为 0、0、200，调整字体、字号、颜色、背景色，即可实现 LED 广告屏宣传应用设计。

### 9.5.4　注意事项

（1）实训过程中严禁短路现象的发生。

（2）实训操作严格按照实训指导书进行或在老师的指导下进行。

（3）显示屏各部分应轻拿轻放，以免造成损坏。

（4）拆装各部件时应缓慢均匀用力。

（5）主界面"控制屏幕"→"屏幕管理"→"配置选中屏参数"→"基本参数设置"中的内容禁止随意更改。

### 9.5.5　思考题

采用本系统设计 LED 条屏，实现 LED 条屏文本的滚动显示。

# 参考文献

[1]  谭巧,等.LED 封装与检测技术[M].北京:电子工业出版社,2012.

[2]  毛学军.LED 应用技术[M].北京:电子工业出版社,2012.

[3]  陈元灯,陈宇.LED 制造技术与应用[M].2 版.北京:电子工业出版社,2009.

[4]  杨清德,康娅.LED 及其工程应用[M].北京:人民邮电出版社,2007.

[5]  沈洁.LED 封装技术与应用[M].北京:化学工业出版社,2012.

[6]  [日]LED 照明推进协会.LED 照明设计与应用[M].李农,杨燕,译.北京:科学出版社,2009.

[7]  王万成,高松波,叶亦旭,等.国内外 LED 产品标准体系研究[J].照明工程学报,2012(6).

[8]  吴震,钱可元,韩彦军,等.高效率、高可靠性紫外 LED 封装技术研究[J].光电子·激光,2007(1).

[9]  严飞.LED 显示屏灰度控制关键技术的研究[D].北京:中国科学院大学,2013.